分布式光伏并网管理
百问百答

国网冀北电力有限公司市场营销部　组编

中国电力出版社
CHINA ELECTRIC POWER PRESS

内 容 提 要

为落实国家新能源发展战略，推进分布式光伏发电业务健康、有序发展，规范分布式电源专业管理工作，提升公司营销管理人员专业素质和业务能力，特组织编写本书。

本书紧密结合当前分布式光伏工作需求，以业务流程为引导，将国家相关文件政策与实际工作需求相结合，有针对性的解决和处理分布式电源业务流程中遇到的问题和困难。

本书汇总了分布式电源专业工作中的常见问题，共六个部分，分别为基础知识、并网政策服务、网上国网线上办理操作指导、常见系统流程问题、分布式光伏稽查工单常见问题、现场常见问题，并网服务管理常用表单等内容。

本书适用于供电企业分布式电源专业相关工作人员，也可作为工作系统流程查询工具。

图书在版编目（CIP）数据

分布式光伏并网管理百问百答 / 国网冀北电力有限公司市场营销部组编. —北京：中国电力出版社，2022.5（2023.1重印）
ISBN 978-7-5198-6599-3

Ⅰ. ①分… Ⅱ. ①国… Ⅲ. ①太阳能光伏发电－电力工程－工程管理－问题解答 Ⅳ. ① TM615-44

中国版本图书馆 CIP 数据核字（2022）第 042589 号

出版发行：中国电力出版社
地　　址：北京市东城区北京站西街 19 号（邮政编码 100005）
网　　址：http://www.cepp.sgcc.com.cn
责任编辑：马淑范（010-63412397）
责任校对：黄　蓓　李　楠
装帧设计：赵姗姗
责任印制：杨晓东

印　　刷：三河市百盛印装有限公司
版　　次：2022 年 5 月第一版
印　　次：2023 年 1月北京第二次印刷
开　　本：880 毫米 ×1230 毫米　64 开本
印　　张：2.3125
字　　数：56 千字
定　　价：40.00 元

本书编写组

主　　编： 谭　晨

编写人员： 张　琪　李梦飞　张立鹏　杨红欣　焦　鹏　杨　秩　焦聪聪　齐　慧　张博智　刘　岩　周辛南　许松林　刘　岩　李小兵　吴俊青　张思宵　贾　非　何珍宏　王瑛琪　任志丹　明月凯　郝智磊　黄鑫海

前　言

为实现碳达峰碳中和目标，光伏、风电、储能等新能源产业进入发展快车道。近年来，国家相关部门推出了一系列鼓励分布式光伏发展的政策，促使分布式光伏产业进入了快速发展期，逐步形成了具有国际竞争力的光伏产业链，在推动我国新能源转型发展，实现“双碳”目标中发挥了重要作用。

为落实国家新能源发展战略，推进分布式光伏发电业务健康、有序发展，同时规范国网冀北电力有限公司分布式电源专业管理工作，提升公司营销管理人员专业素质和业务能力，特编制《分布式光伏并网管理百问百答》一书。

本书紧密结合当前分布式光伏工作需求，以业务流程为主线，将国家相关文件政策与实际工作需求相结合，有针对性地解决和处理分布式电源业务流程中遇到的问题和困难。

本书汇总了分布式电源专业工作中的常见问题，共划分为六个部分，分别为基础知识、并网政策服务、网上国网线上办理操作指导、常见系统流程问题、分布式光伏稽查工单常见问题、现场常见问题、并网服务管理常用表单、2021年政策文件等。

由于编写时间有限，错漏之处在所难免，恳请读者批评指正。

编　者

目　录

○前　言……………………………………………… 001

○第一部分　基本概念……………………………………… 001

第一问　什么是分布式电源？由什么组成的？……… 002

第二问　分布式电源有哪几种类型？………………… 002

第三问　什么是发电量？……………………………… 003

第四问　什么是上网电量？…………………………… 003

第五问　什么是并网点？……………………………… 003

第六问　什么是孤岛？………………………………… 003

第七问　什么是产权分界点？………………………… 004

第八问　什么是公共连接点？………………………… 004

第九问　什么是关联用户？…………………………… 004

第十问　什么是计量点？……………………………… 004

第十一问　什么是受电点？…………………………… 004

第十二问　接入方式有哪几类？……………………　005
第十三问　怎样确定分布式光伏并网系统的并网电压？……………………………………………　005
第十四问　什么情况需添加反孤岛装置？……………　005
第十五问　反孤岛装置需具备什么功能？……………　006
第十六问　什么是双向电能表？安装双向电能表的原因是什么？…………………………………　006
第十七问　分布式光伏发电系统有哪些消纳方式？…　007
第十八问　“自发自用，余电上网”的并网模式是什么？如何计量发电量和上网电量？……………　007

○第二部分　并网政策服务…………………………　009
第十九问　分布式光伏发电的补贴年限是多少？……　010
第二十问　2021年并网的户用分布式光伏项目国家补贴标准是多少？2019年、2020年享受国家补贴政策的户用分布式光伏并网截止时间是什么？现在还有省补么？……………………………　010
第二十一问　目前非自然人分布式光伏项目是否还享受国家补贴？………………………………　011

第二十二问　分布式光伏系统申请接入是否需要费用？用户如何向供电公司申请分布式光伏发电项目？…………………………………… 012
第二十三问　自然人和非自然人申请分布式光伏前期各需要准备什么资料？………………………… 013
第二十四问　已纳入补贴清单的可再生能源发电项目并网容量、发电地址发生变化怎么处理？…… 013
第二十五问　全容量并网时间与企业承诺不一致，将如何处理？…………………………………… 014
第二十六问　合同中的不可抗力因素都包含哪些？… 015
第二十七问　户用分布式光伏发电并网接入公共变压器台区的容量标准是多少？………………… 015
第二十八问　如何确定分布式光伏系统并网容量？… 016
第二十九问　对分布式光伏项目工程竣工验收资料有何要求？光伏电站验收需要注意哪些事项？… 016
第三十问　发电量不足以自用或发电量自用后有富余是否可以上网？能否变更发电地址？………… 018
第三十一问　整县屋顶分布式光伏并网业务环节及并网时限是什么？…………………………………… 019

第三十二问　整县推进接入系统方案答复关于容量方面有何要求？…… 019

○第三部分　网上国网线上办理操作指导…… 021
第三十三问　网上国网的分布式光伏新装页面在哪？… 022
第三十四问　个人用户如何在网上国网App中申请新装？…… 023
第三十五问　企业用户如何在网上国网App中申请新装？…… 027
第三十六问　用户如何委托他人代办光伏申请？…… 030
第三十七问　施工方是否可以代替客户申请？…… 034
第三十八问　用户申请后如何确认接入系统方案？… 034
第三十九问　用户如何在“网上国网”App提交验收申请？…… 035
第四十问　用户验收后如何在“网上国网”App申请并网发电？…… 038
第四十一问　用户如何在网上查看申请进度？…… 039
第四十二问　用户的申请为什么显示“退单”？…… 040
第四十三问　用户的申请为什么显示“未提交”？… 040

第四十四问　用户并网申请为什么显示
“处理中”？ …………………………………… 040
第四十五问　网上国网线上申请后是否用签订纸质合同？………………………………………… 041
第四十六问　用户并网后如何在网上国网查看补贴收益？………………………………………… 041
第四十七问　用户并网后如何查看发电量与上网电量？………………………………………… 041
第四十八问　用户如何在网上国网App中进行电费结算？………………………………………… 042

○第四部分　常见系统流程问题………………………… 043
第四十九问　如何在SG186工程营销业务应用系统受理“网上国网”发起的用户申请？………… 044
第五十问　如何处理“网上国网”发起的分布式光伏电源自发自用余量上网用户的申请？………… 045
第五十一问　受理非自然人分布式光伏客户增容有哪些注意事项？………………………………… 045
第五十二问　如何正确增加分布式光伏电价？……… 046

第五十三问　分布式光伏新装流程中如何正确配置计量点方案？…………………………………… 046
第五十四问　如何增加分布式光伏用户自发自用考核计量点？………………………………………… 047
第五十五问　新装流程归档后，如何增加发电客户采集点？………………………………………………… 050
第五十六问　如何调试新增发电客户抄表参数？…… 054
第五十七问　如何查询台区容量信息？……………… 054
第五十八问　如何查询台区接入情况？……………… 055
第五十九问　如何在营销业务应用系统中查询并导出所有户基本信息？………………………… 056
第六十问　如何查询当月全用户发行电量及电费？如何通过采集系统查询分布式光伏用户电量？…… 056
第六十一问　如何查询用户详细发行明细？………… 058
第六十二问　如何调整发电客户抄表段？…………… 059
第六十三问　如何退补电费？………………………… 060
第六十四问　如何补签或变更分布式用户发用电合同？………………………………………………… 061
第六十五问　如何更换分布式光伏用户的发电表？… 061

第六十六问　如何更换余电上网用户的共享表？…… 062
第六十七问　非自然人用户如何增加项目信息？…… 063
第六十八问　如何更换关联户？………………………… 063
第六十九问　如何增加准确的具体地址？……………… 064
第七十问　分布式电源上网电量无法提取怎么办？… 065
第七十一问　如何发起分布式光伏客户销户流程？… 066
第七十二问　如何发起分布式光伏客户更名流程？… 067
第七十三问　用电客户台区调整了，关联的发电客户台区怎么调整？……………………………… 068
第七十四问　如何变更银行卡信息？………………… 068
第七十五问　什么样的用户需要在新能源云平台注册申请？…………………………………… 069

○第五部分　分布式光伏稽查工单常见问题…………… 071
第七十六问　营销稽查的定义是什么？……………… 072
第七十七问　分布式光伏异常稽查的关键点有什么？………………………………………… 072
第七十八问　分布式光伏异常稽查系统中的主题判定规则是什么？………………………… 073

第七十九问　造成分布式光伏异常的问题种类主要有什么？…………………………………… 076
第八十问　分布式光伏异常的问题特点是什么？…… 076
第八十一问　分布式光伏异常的分析方法有哪些？… 077
第八十二问　稽查系统分布式异常工单要怎么处理？………………………………………… 077
第八十三问　加入白名单流程是什么？用户需要注意哪些事项？………………………………… 084
第八十四问　成效补录的流程是什么？……………… 091
第八十五问　怎样新增工单默认处理人？…………… 093
第八十六问　因采集系统可以采集电量但186系统无电量导致的稽查异常怎么处理？为什么有的零度户需要上采集系统看一下线路电压？………… 094
第八十七问　稽查工单回复时效是什么？…………… 095
第八十八问　什么样的稽查工单可提交白名单？对于发电量异常，却长期联系不上的用户怎么处理？… 095

○第六部分　现场常见问题…………………………… 097
第八十九问　分布式光伏系统安装需要注意什么？… 098

第九十问　如何选取分布式光伏现场并网点？……… 098
第九十一问　分布式光伏并网的电缆与逆变器有哪些要求？…………………………………………… 098
第九十二问　如何了解施工单位的信息？…………… 099
第九十三问　分布式光伏并网发电系统现场施工都有哪些程序？……………………………………… 099
第九十四问　分布式光伏发电系统接入电网需满足什么条件？………………………………………… 099
第九十五问　分布式光伏发电系统并网验收的时候都验什么？需要哪些竣工资料？……………… 100
第九十六问　分布式光伏发电系统并网后如何维护？…………………………………………………… 102
第九十七问　连续阴天或者光照不足时，分布式光伏发电系统还会发电吗？会不会因为发电不足而导致断电？……………………………………… 102
第九十八问　分布式光伏发电系统雷电危害有哪些？现场如何防护？………………………………… 103
第九十九问　分布式光伏发电系统的常见故障有哪些？如何处理分布式光伏发电系统的常见故障？… 103

第一百问　分布式光伏并网发电系统的发电量监控数据与电能表的计量数据是一样的吗？误差有多大？………………………………… 104

○附　录　并网服务管理常用表单………………… 105
附录1　分布式电源接入系统方案项目业主（用户）确认单……………………………………… 106
附录2　关于××项目接入电网意见的函…………… 107
附录3　国家能源局关于2021年风电、光伏发电开发建设有关事项的通知………………………… 109
附录4　国家发展改革委关于2021年新能源上网电价政策有关事项的通知………………………… 116
附录5　国家发展改革委关于做好2021年风电、光伏发电开发建设有关事项的通知……………… 118
附录6　关于落实好2021年新能源上网电价政策有关事项的函…………………………………… 126
附录7　国家能源局综合司关于报送整县（市、区）屋顶分布式光伏开发试点方案的通知………… 127

1

第一部分

基本概念

◎第一问　什么是分布式电源？由什么组成的？

答：分布式电源是指在用户所在场地或附近建设安装、运行方式以用户端自发自用为主、多余电量上网，且在配电网系统平衡调节为特征的发电设施或有电力输出的能量综合梯级利用多联供设施。其利用的能源包括太阳能、天然气、生物质能、风能、地热能、海洋能等。

完整的分布式光伏发电系统主要包括光伏组件、分布式光伏逆变器、保护开关设备、各种电线以及电能表和监控装置。

◎第二问　分布式电源有哪几种类型？

答：据《国家电网公司关于印发分布式电源并网相关意见和规范（修订版）的通知》国家电网办【2013】1781号文件中说明，有两种类型，分别是：

第一类：10kV及以下电压等级接入，且单个并网点总装机容量不超过6MW的分布式电源。

第二类：35kV电压等级接入，年自发自用电量大于50%的分布式电源；或10kV电压等级接入且单个并网点总装机容量超过6MW，年自发自用电量大于50%的分布式电源。

◎第三问　什么是发电量?

答：指售电方在发电关口计量点输出的电量，电量的计量单位为千瓦时（俗称1度电）。

◎第四问　什么是上网电量?

答：指售电方在上网关口计量点输送给购电方的电量，电量的计量单位为千瓦时。

◎第五问　什么是并网点?

答：对于有升压站的分布式电源，并网点为分布式电源升压站高压侧母线或节点；对于无升压站的分布式电源，并网点为分布式电源的输出汇总点。

◎第六问　什么是孤岛?

答：孤岛是指公共电网失压时，电源仍保持对用户电网中的某一部分线路继续供电的状态。孤岛现象可分为非计划性孤岛现象和计划性孤岛现象。

◎第七问　什么是产权分界点?

答：指购电方资产与售电方资产的分界点。

◎第八问　什么是公共连接点?

答：公共连接点是用户系统（发电或用电）接入公用电网的连接处。

◎第九问　什么是关联用户?

答：指光伏项目所在地的用电户。

◎第十问　什么是计量点?

答：指为计量电量而安装电能计量装置的点。光伏项目的并网点及与公共电网的连接点均应安装具有电能采集信息功能的计量装置，以准确计量光伏项目的发电量和上网电量。

◎第十一问　什么是受电点?

答：受电点即用户受电装置所处的位置。为接受供电网供给的电力，并能对电力进行有效变换、分配和控制的电气设备，如高压用户的一次变电站（所）或变压器、开闭站，低压用户的配电室、配电屏等，都可称为用户受电装置。

◎第十二问　接入方式有哪几类?

答：光伏接入公共电网的连接方式分为专线接入公共电网、T接于公共电网以及通过用户内部电网接入公共电网三种方式。

◎第十三问　怎样确定分布式光伏并网系统的并网电压?

答：分布式电源并网电压等级可根据装机容量进行初步选择，参考标准如下：8kW及以下可接入220V；8～400kW可接入380V；400～6000kW可接入10kV；5000～30000kW以上可接入35kV。最终并网电压等级应根据电网条件，通过技术经济比选论证确定。若高低两级电压均具备接入条件，优先采用低电压等级接入。

◎第十四问　什么情况需添加反孤岛装置?

答：通过380V电压等级并网的分布式电源接入容量超过本台区配电变压器额定容量25%时，配电变压器低压侧应配备低压总开关，并在配电变压器低压母线处装设反孤岛装置。当光伏发电系统侧或者电网侧任意一侧失电的时间，“防孤岛”装置都会向并网开关发出命令，让其跳闸，从而很好地保证了光伏两侧维修人员的生命安全。

◎第十五问　反孤岛装置需具备什么功能?

答：反孤岛装置中，低压总开关应与反孤岛装置间具备操作闭锁功能。母线间有联络时，联络开关也应与反孤岛装置间具备操作闭锁功能。

◎第十六问　什么是双向电能表？安装双向电能表的原因是什么?

答：双向电能表就是能够计量用电和发电的电能表，功率和电能都是有方向的，从用电的角度看，耗电设备为正功率或正电能，发电设备为负功率或负电能，该电能表可以通过显示屏分别读出正向电量和反向电量并将电量数据存储起来。

安装双向电能表的作用是，当光伏发出的电不能全部被用户消耗时，余下的电能需要输出给电网，电能表需要计量输出给电网的电量；在光伏发电不能满足用户需求时，用户需要电网输入电量，这就需要计量输入进来的电量。普通单向电能表不能达到这一要求，所以需要使用具有双向计量功能的智能电能表。

◎第十七问　分布式光伏发电系统有哪些消纳方式？

答：分布式光伏发电系统消纳方式有三种：全部自用、自发自用余电上网、全额上网。根据《河北省发展和改革委员会关于做好2021年风电、光伏发电开发建设有关事项的通知》（冀发改能源【2021】885号）规定：对于户用光伏发电、工商业分布式光伏发电项目，企业可自由选择全额上网、自发自用余电上网、全部自用三种运营模式。

◎第十八问　“自发自用，余电上网”的并网模式是什么？如何计量发电量和上网电量？

答：自发自用余电上网是指分布式光伏发电系统所发电力主要由电力用户自己使用，多余电量接入电网，它是分布式光伏发电的一种商业模式，在这种运行模式下，光伏并网点设在用户电能表的负载侧，需要增加计量光伏反送电量的电能表，或者将用电电能表设置成双向计量，用户自己直接用掉的光伏电量，以节省电费的方式直接享受电网的销售电价，反送电量单独计量并以规定的上网电价进行结算。

2

第二部分

并网政策服务

◎第十九问　分布式光伏发电的补贴年限是多少?

答：关于分布式光伏补贴年限的政策出处主要有两处：一是2013年7月4日国务院发布的国发【2013】24号《国务院关于促进光伏产业健康发展的若干意见》，其中第七条完善支持政策中明确指出：上网电价及补贴的执行期限原则上为20年。二是2013年8月26日国家发改委发布的（发改价格【2013】1638号《国家发展改革委关于发挥价格杠杆作用，促进光伏产业健康发展的通知》），文件中明确指出：光伏发电项目自投入运营起执行标杆上网电价或电价补贴标准，期限原则上为20年。

◎第二十问　2021年并网的户用分布式光伏项目国家补贴标准是多少？2019年、2020年享受国家补贴政策的户用分布式光伏并网截止时间是什么？现在还有省补么?

答：2021年6月11日国家发展和改革委员会发布的《关于落实好2021年新能源上网电价政策有关事项的函》中指出：为指导各地抓好落实，进一步明确对2021年纳入当年中央财政补贴规模的新建户用分布式光伏项目，其全发电量补贴标准按0.03元/kWh执行。

按照国家能源局官方网站公布的政策：2019年10月31日为本年度可享受国家补贴政策的户用光伏并网截止时间；2020年11月30日为2020年可享受国家补贴政策的户用光伏并网截止时间。

2015年12月1日发布的《河北省物价局关于光伏发电项目有关电价补贴政策的通知》中指出：对2017年底以前建成投产项目，自并网之日起补贴3年；国家级扶贫项目在2018年底前建成投产项目，自并网之日起补贴3年。

◎第二十一问　目前非自然人分布式光伏项目是否还享受国家补贴?

答：根据《国家发展改革委关于2021年新能源上网电价政策有关事项的通知》(发改价格【2021】833号）规定：2021年8月1日起，对新备案集中式光伏电站、工商业分布式光伏项目和新核准陆上风电项目，中央财政不再补贴，实行平价上网。目前，冀北地区上网电价为0.372元/kWh。

◎第二十二问　分布式光伏系统申请接入是否需要费用？用户如何向供电公司申请分布式光伏发电项目？

答：（1）根据2013年2月27日国家电网有限公司发布的《关于做好分布式电源并网服务工作的意见》规定：供电公司在并网申请人受理、接入系统方案制定、接入系统工程设计审查、计量装置安装、合同和协议签订、并网验收和并网调试、政府补助计量和结算服务中，不收取任何费用。

（2）用户向供电公司申请分布式光伏发电项目时，准备相关资料，到当地供电公司营业网点或者"网上国网"App"新能源—光伏新装"提出分布式光伏项目安装申请，供电公司会主动联系用户现场勘查，并在规定时限内答复接入系统方案，用户根据接入系统方案自主委托有资质的设计单位和施工单位进行工程设计和施工，项目竣工后向供电公司提出并网验收和调试申请，供电公司完成验收并进行电能计量装置安装，签订发用电合同，然后就可以并网发电。

◎第二十三问　自然人和非自然人申请分布式光伏前期各需要准备什么资料?

答：自然人和非自然人申请分布式光伏发电并网分别需要如下资料：

自然人申请需要提供的资料：经办人身份证原件及房产证；若委托他人办理业务，还需要提供受委托人的有效身份证明和委托书。

非自然人申请需提供资料：法人有效身份证明；营业执照；土地证项目合法性支持性文件（若房屋非申请人所有，需提供超过分布式光伏安装年限的租赁合同）；项目备案证；若委托他人办理业务，还需要提供受委托人的有效身份证明和委托书。

◎第二十四问　已纳入补贴清单的可再生能源发电项目并网容量、发电地址发生变化怎么处理?

答：根据《财政部办公厅关于加快推进可再生

能源发电补贴项目清单审核有关工作的通知》财办建【2020】70号文中规定：已纳入补贴清单的可再生能源发电项目，如项目名称、业主信息发生变更，由可再生能源发电企业向电网企业申请变更，电网企业应在接到申请后15天内完成变更并对外公布；如并网容量、场址发生变更，需按本通知第三部分要求重新申报纳入补贴清单。

◎第二十五问　全容量并网时间与企业承诺不一致，将如何处理？

答：根据《财政部办公厅关于加快推进可再生能源发电补贴项目清单审核有关工作的通知》财办建【2020】70号文中规定：

（1）经核实的全容量并网时间比企业承诺全容量并网时间滞后3个月及以上，并影响价格的，该项目移出补贴目录清单，且自移出之日起3年内不得再纳入补贴清单，移出补贴清单期间所发电量不予补贴。

（2）经核实的全容量并网时间比企业承诺全容量并网时间滞后3个月以下、1个月以上，并影响价格的，在补贴目录清单中剔除该项目未按期并网发电的容量，并按实际发放补贴金额的3倍核减该项目补贴资金。

（3）核实的全容量并网时间比企业承诺全容量并网时间滞后1个月以内，并影响价格的，在补贴目录清单中剔除该项目未按期并网发电的容量，并按实际发放补贴金额的2倍核减该项目补贴资金。

◎第二十六问　合同中的不可抗力因素都包含哪些？

答：指不能预见、不能避免并不能克服的客观情况。包括：火山爆发、龙卷风、海啸、暴风雪、泥石流、山体滑坡、水灾、火灾、强度超设计标准的地震、台风、雷电、雾闪等，以及核辐射、战争、瘟疫、骚乱等。

◎第二十七问　户用分布式光伏发电并网接入公共变压器台区的容量标准是多少？

答：2016年12月13日发布的《户用分布式光伏发电并网接口技术规范》GB/T 33342—2016中虽然对接入规模没有具体要求，但指出：光伏发电系统接入容量超过本配电台区变压器额定容量25%时，公用电网配电变压器低压侧应配置低压总开关，并在配电变压器低压母线处装设反孤岛装置；低压总开关应与反孤岛装置间具备操作闭锁功能，母线间有联络时，联络开关也应与反孤岛装置间具备操作闭锁功能。

户用屋顶光伏单点并网容量不得超过50kW。

◎第二十八问　如何确定分布式光伏系统并网容量?

答：分布式光伏系统并网容量的大小，取决于业主屋顶样式和面积、用电设备负载、当地电量消纳水平等，并需要结合电网公司的批复意见，确定最佳安装容量，一般情况下平面屋顶安装量约为70W\m^2。

◎第二十九问　对分布式光伏项目工程竣工验收资料有何要求？光伏电站验收需要注意哪些事项?

答：（1）220、380V分布式光伏项目需提供的竣工资料有：主要电气设备一览表、主要设备技术参数和型式认证报告或质检证书；并网前单位工程调试报告、工程验收报告。

10kV分布式光伏项目需提供的竣工资料：主要电气设备一览表、主要设备技术参数和型式认证报告或质检证书，主要设备包括发电、逆变、变电、断路器、隔离开关等。并网前单位工程调试报告、工程验收报告；并网前设备电气试验、继电保护整定、通信联调、电能量信息采集调试记录；并网启动调试方案；项目运行人员名单（含专业资质证书复印件）。

（2）光伏电站验收注意事项。

1）配电箱、逆变器等设备壁挂安装于墙体时，墙体结构荷载需满足要求；光伏板组件连接应牢固，方阵的绝缘电阻应符合设计要求。

2）光伏逆变器与基础件连接应牢固，交流侧接口处应有绝缘保护。

3）变压器和互感器的安装和验收应符合《电气装置安装工程电力变压器、油浸电抗器、互感器施工及验收规范》（GB 50148—2010）的有关规定。

4）电缆的规格应符合设计要求，标志牌应装设齐全、正确、清晰。

5）光伏发电系统防雷系统应符合设计要求，接地电阻应满足要求（通常小于4Ω）。

◎第三十问 发电量不足以自用或发电量自用后有富余是否可以上网？能否变更发电地址？

答：（1）分布式电源发电量全部自用或自发自用余电上网，采用哪种消纳模式可以由用户自行选择，用户发电量不足以自用，用电量由电网提供，发电量自用存有富余可以上网；上、下网电量分开结算，各级供电公司均应按国家规定的电价标准全额保障性收购上网电量，为享受国家补贴的分布式电源提供补贴计量和结算服务。

（2）根据《财政部办公厅关于加快推动可再生能源发电补贴项目清单审核有关工作的通知》（财办建〔2020〕70号文）中规定，如并网容量、场址发生变更，需按本通知第三部分要求重新申报纳入补贴清单。

◎第三十一问　整县屋顶分布式光伏并网业务环节及并网时限是什么?

答：分为业务受理、接入方案答复、设计审查、并网检验与调试等4个环节。

受理客户申请后，2个工作日完成现场勘察；单点并网项目应在10个工作日、多点并网项目应在20个工作日内答复接入系统方案；客户提交设计文件后，应在10个工作日内完成审查并答复意见；受理客户并网验收与并网调试申请后，0.4kV及以下电压等级接入的分布式电源应在10个工作日内完成并网验收与调试，10kV及以上电压等级接入的分布式电源应在20个工作日内完成并网验收与调试，验收调试合格后并网。

◎第三十二问　整县推进接入系统方案答复关于容量方面有何要求?

答：根据《国网营销部关于全面做好屋顶分布式光伏整县推广项目并网服务工作的通知》营销营业【2021】文中规定：原则上接入本级电网的电源

总容量不应超过上一级变压器的额定容量的80%以及上一级线路的允许容量。

从技术要求、安全可靠用电、实际需求等方面考虑，建议全额上网项目低压并网容量不超过100kW，超过100kW应高压接入公共电网。

3

第三部分

网上国网线上办理操作指导

◎第三十三问　网上国网的分布式光伏新装页面在哪?

答：光伏新装依次打开网上国网App→【更多】→【新能源】→【光伏新装】，进入光伏新装页面，如图3-1所示。

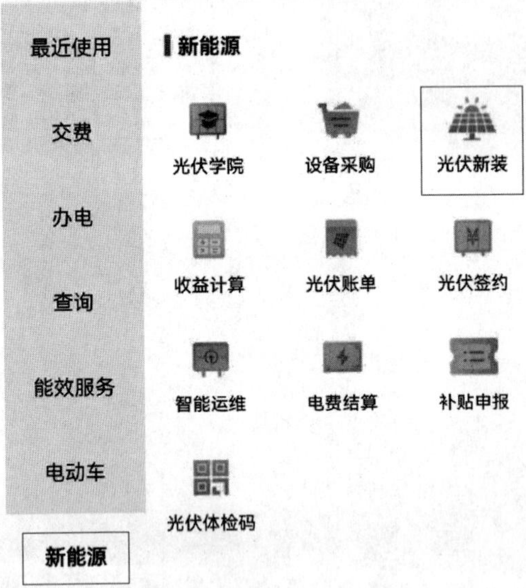

图3-1　分布式光伏新装入口页面

◎第三十四问　个人用户如何在网上国网App中申请新装?

答:(1)个人用户进入网上国网App,点击"光伏新装",系统首先会判断此账号是否已进行了实名认证,如果没有进行认证,系统就会跳转至【实名认证】页面。完成实名认证后,用户可以再次点击"光伏新装"功能,就能正式申请光伏并网了,如图3-2所示。

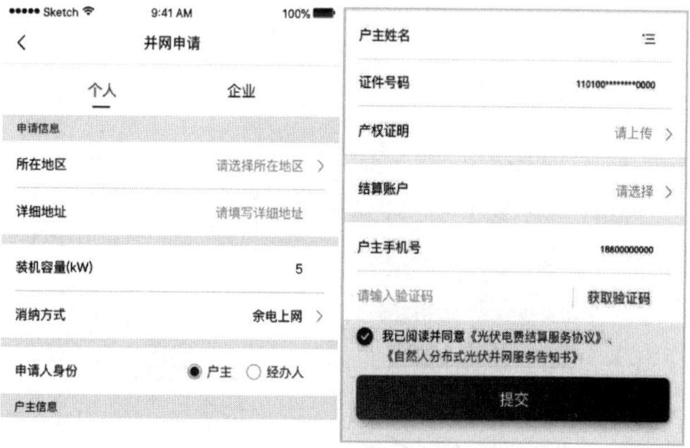

图3-2　个人用户分布式光伏新装页面

（2）选择“个人”进行填写。并网申请包含“申请信息”“户主信息”两个模块，先点击跳转至“所在地区”页面，用户根据所在地选择光伏要安装的地点，依据提示依次选择为省－市－区－街道（镇）。点击“详细地址”，输入详细地址信息；“装机容量”默认为5kW，点击输入想要安装光伏的容量，最多可以输入小数点后五位；“消纳方式”默认为余电上网，点击可以选择全部自用、余电上网、全额上网。

（3）填写“申请人身份”，选择户主身份。“户主姓名”根据实名认证信息已代入，不可修改。“证件号码”根据实名认证信息已代入，不可修改。点击“产权证明”，跳转至“产权证明”页面，可以通过相册或拍照方式，上传产权证明的照片，最多支持6张照片。

（4）填写“结算账户”，点击跳转至“结算账户”页面。已添加银行卡的，可以点击直接选择对应的结算银行卡；未添加银行卡的，点击“添加新银行卡”，进入“添加结算账户”页面，如图3-3所示。

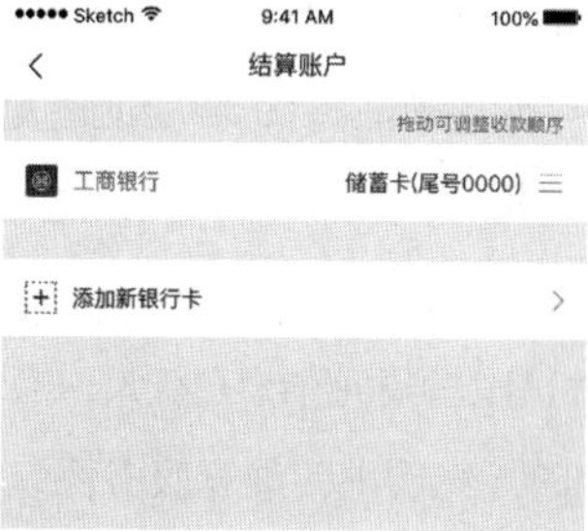

图3-3 【结算账户】页面图

“添加结算账户”，实名认证用户默认显示客户姓名且不可修改，客户点击输入对应银行卡号，点击“下一步”，系统自动识别银行名称，如图3-4所示。

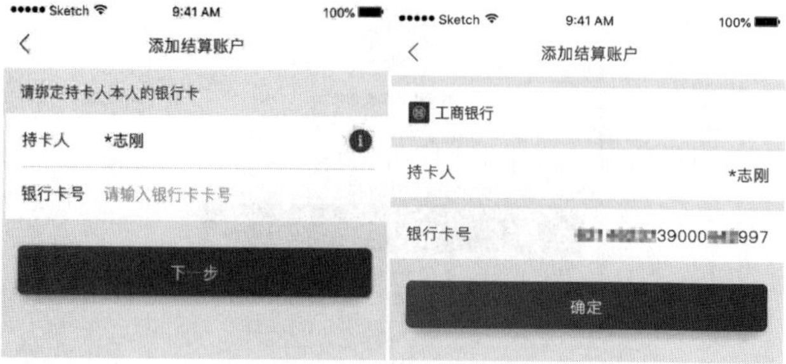

图3-4 “添加结算账户”图

点击“确定”后，输入客户在银行预留的手机号码，点击“发送验证码”，将验证码发送至预留手机。输入验证码后，点击“确定”，完成添加结算账户，如图3-4所示。

户主手机号根据注册信息已代入，但是可以修改。

（5）查阅《光伏电费结算服务协议》和《自然人分布式光伏并网服务告知书》，并勾选确认。点击“提交”按钮，提交光伏新装个人并网申请，并显示并网申请提交成功，并网申请如图3-5所示。

图3-5　并网申请图

◎第三十五问　企业用户如何在网上国网App中申请新装？

答：（1）用户点击“光伏新装”，系统会判断此账号是否已进行了实名认证，如未进行认证，则跳转至“实名认证”页面。完成实名认证后，用户可再次点击“光伏新装”功能，正式进入“并网申请”页面，如图3-6所示。

图3-6　企业用户并网申请页面图

企业用户通过上述流程进入“并网申请”企业信息页面，企业线上申请分为法人代表和经办人两种情况，此处选择法人代表进行填写。

（2）并网申请包含“申请信息”“项目信息”“账户信息”三个模块。

1）申请信息包含：点击“项目名称”，输入项目的名称。点击“所在地区”，跳转至“选择地区”页面，客户根据所在地选择光伏要安装的地点，选择为四级省－市－区－街道（镇）。点击“详细地址”，输入安装的详细地址信息。点击“意向并网点个数”，输入希望并网点的数字。点击“装机容量”，输入想要安装光伏的容量，最多可以输入小数点后五位。点击“意向并网电压等级”，可以进行单选。点击“备案情况”，进行单选，选项有省级核准、地市级核准、县区级核准、省级备案、地市级备案、县区级备案、其他。打开“消纳方式”，默认为余电上网，可以选择全部自用、余电上网、全额上网。点击“申请人身份”，选择法人代表身份。

2）项目信息包含：①“项目投资方”，点击输入企业名称，即户号名称。②“企业证件信息”，点击跳转至“证件类型”页面，根据图例，上传营业执照、机构代码证、其他证件照片，如图3-7所示。其中，其他证件最多支持上传6张照片。③“项目备案时间”，点击选择备案时间的年月日信息。④“法人代表姓名”，根据实名认证信息已代入，不可修改。⑤“法人证件号码”，根据实名认证信息已代入，不可修改。

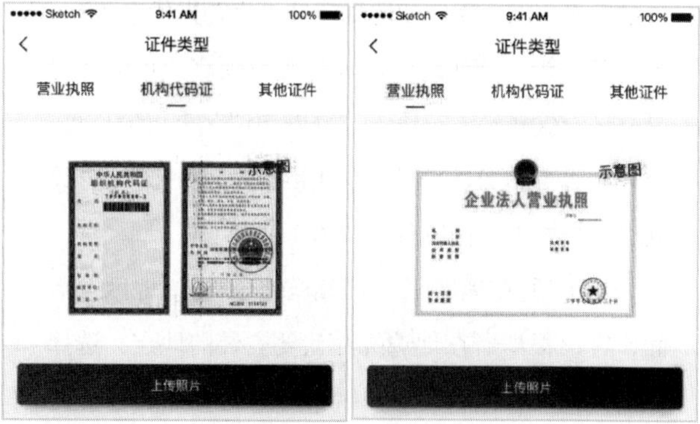

图3-7　填写证件类型页面图

3）账户信息包括：①“银行账号”，点击输入19位法人银行账号信息；②“开户银行”，点击输入开户的银行名称；③“支行名称”，点击输入银行账号开户支行名称；④“账户名称”，无须输入，通过“项目投资方”自动代入；⑤“法人手机号码”，根据注册信息已代入，可修改。

（3）查阅《非自然人分布式光伏并网服务告知书》，并勾选确认。点击“提交”按钮，提交光伏新装企业申请，并显示并网申请提交成功。

◎第三十六问　用户如何委托他人代办光伏申请？

答：线下营业厅工作人员为方便客户申请，可以通过光伏新装入口进入“并网申请”个人信息页，个人线上申请分为户主本人和经办人两种情况，此处选择经办人进行填写，如图3-8所示。

（1）“所在地区”，点击跳转至“选择地区”页面，客户根据所在地选择光伏要安装的地点，选择为四级省－市－区－街道（镇）；点击“详细地址”，输入安装的详细地址信息；“装机容量”默认为

图3-8　填并网申请页面图

5kW，点击输入想要安装光伏的容量，最多可以输入小数点后五位；“消纳方式”默认为余电上网，点击可以选择全部自用、余电上网、全额上网；“申请人身份”选择经办人身份。

（2）点击“户主姓名”，输入申请安装光伏的客户姓名，点击“证件信息”，跳转至“身份验证”页面，选择上传身份证或上传其他有效证件（如台胞证、军人证、护照、户口本、公安机关户籍证明），点击“证件号码”，输入对应证件类型的证件号码；点击“产权证明”，跳转至“产权证明”页面，可以通过相册或拍照方式，根据图例，上传产权证明的照片，最多支持6张照片。点击“户主手机号”，输入11位手机号码。

（3）点击“结算账户”，跳转至“结算账户”页面。已添加银行卡的，可以点击直接选择对应的结算银行卡；未添加银行卡的，点击“+添加新银行卡”，进入“添加结算账户”页面。对于“添加结算账户”，实名认证用户默认显示客户姓名且不可修改，客户点击输入对应银行卡号，点击“下一步”，系统自动识别银行名称。

（4）点击“确定”后，输入客户在银行预留的手机号码，点击“发送验证码”，将验证码发送至预留手机。输入验证码后，点击“确定”，完成添加结算账户。“经办人姓名”根据实名认证信息已代入，不可修改；“经办人证件号码”根据实名认证信息已代入，不可修改；点击“授权书”，跳转至“授权委托书”页面，可以通过相册或拍照方式，根据图例，上传授权委托书的照片。

（5）“经办人手机号码”，根据注册信息已代入，可修改。查阅《光伏电费结算服务协议》和《自然人分布式光伏并网服务告知书》并勾选确认。

点击“提交”按钮，提交光伏新装个人并网申请，并显示并网申请提交成功，如图3-9所示。

图3-9　申请成功页面图

◎**第三十七问　施工方是否可以代替客户申请?**

答：目前需客户用自己手机在“网上国网”App申请，以便以后联系，若不会操作，可让他人帮助完成申请。

◎**第三十八问　用户申请后如何确认接入系统方案?**

答：用户申请后进入网上国网App，依次打开光伏新装→并网申请记录→处理中→并网申请阶段→接入方案确认。

点击“资料下载”，将光伏用电接入方案发送至邮箱，可以打印查看方案内容。

查看光伏用电接入方案无误后，可以通过电子签名，实现线上客户签字，具有法律效应。

点击“提交”按钮，确认光伏用电接入方案，页面如图3-10所示。

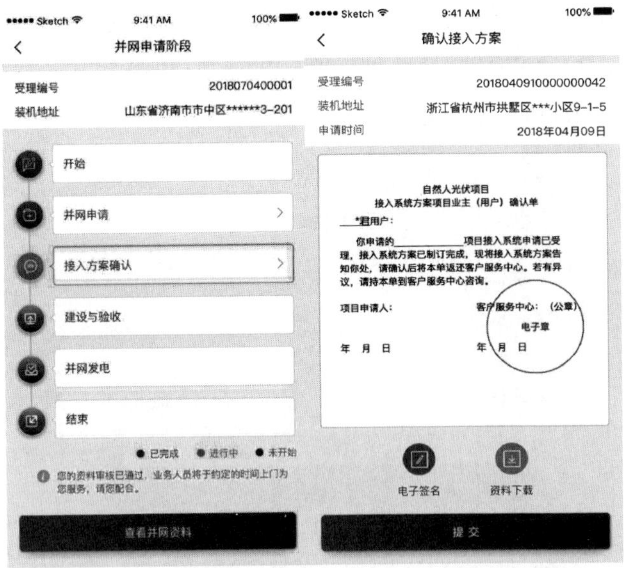

图3-10　确认接入方案页面图

◎第三十九问　用户如何在“网上国网”App提交验收申请?

答：（1）受理并网申请。并网验收申请是建设与验收的第一环节，客户在线上提交并网验收申请。

确认相关验收资料已备齐，点击“下一步”，选择意向并网时间。点击“提交”按钮，成功提交并网验收申请，如图3-11所示。

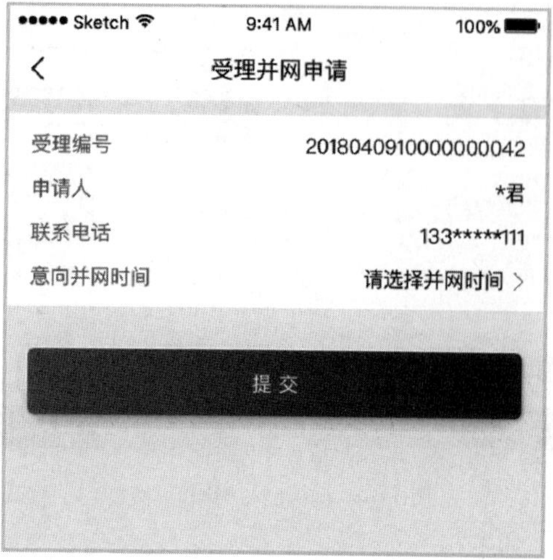

图3-11　并网申请页面图

（2）合同签订。合同签订申请是建设与验收的第二环节，并网验收申请受理后，在线上完成合同签订。签订页面如图3-12所示。

图3-12　合同签订页面图

（3）受理并网复验申请。并网复验申请是建设与验收的第三环节，业务人员上门并网验收未通过的，客户可以按要求进行整改后再次提交复验申请。已通过的，可忽略此步骤。

点击“提交”按钮，提示申请提交成功。页面如图3-13所示。

图3-13　并网复验申请页面图

◎第四十问　用户验收后如何在“网上国网”App申请并网发电?

答：客户的工程验收通过后，具备并网条件，组织并网发电。

申请入口介绍：光伏新装→并网申请记录→处

理中→并网申请阶段。

组织并网发电完成后，光伏新装申请流程完结。

◎第四十一问　用户如何在网上查看申请进度?

答：客户已申请光伏新装并网业务的，可以点击“光伏新装”，进入查看“并网申请记录”。

并网申请记录显示所有申请的光伏新装业务记录情况，包含状态：退单、未提交、处理中、已完成。申请进度页面如图3-14所示。

图3-14　申请进度页面

◎第四十二问　用户的申请为什么显示“退单”？

答：由于客户操作失误导致的订单内容丢失，需要重新对光伏新装并网申请页面进行重新填写。

在“并网申请记录”页面，点击状态为“退单”的申请，重新进入“并网申请”页面，输入相关内容，再次提交。

◎第四十三问　用户的申请为什么显示“未提交”？

答：并网申请资料填写过程中未提交系统自动保存的，客户可以重新进入并网申请页面进行填写，最终提交。

在【并网申请记录】页面，点击状态为【未提交】的申请，重新进入【并网申请】页面，继续输入相关内容，最终提交。

◎第四十四问　用户并网申请为什么显示“处理中”？

答：并网申请提交后，进入后续流程，所以并网申请显示处理中，可以进行并网申请进度查询。

用户申请后进入网上国网App，依次打开光伏新装→并网申请记录→处理中→并网申请阶段→查看并网资料。

点击“查看并网资料”，可以勾选“接入系统方案”“接入电网意见函”“分布式光伏接入方案确认单”，并发送至对应邮箱。

◎第四十五问　网上国网线上申请后是否用签订纸质合同?

答：目前客户在网上国网线上申请后，需要签订纸质合同。

◎第四十六问　用户并网后如何在网上国网查看补贴收益?

答：登录网上国网App，依次打开新能源-光伏账单-绑定户号，即可查看用户的本期收益。

◎第四十七问　用户并网后如何查看发电量与上网电量?

答：依次打开网上国网App-新能源-绑定户号-电站监测，即可查看每日和每月发电量与上网电量。

◎第四十八问　用户如何在网上国网App中进行电费结算?

答：登录网上国网App，依次打开新能源-电费结算-绑定发电户号，签约用户可对2年内光伏发电账单进行查询，进行电费结算。

4

第四部分

常见系统流程问题

◎第四十九问　如何在SG186工程营销业务应用系统受理“网上国网”发起的用户申请?

答：在新装增容及变更用电模块，通过杂项中的客户申请确认功能，填写申请日期，选择状态为“可受理”可以处理未受理工单，选择状态为“已经受理”可以查询已受理工单。处理未受理工单，填入相应信息，保存后系统自动发起正式流程。

营销业务应用系统（即为SG186工程营销业务应用系统，本书简称为营销业务应用系统）受理网上国网申请如图4-1所示。

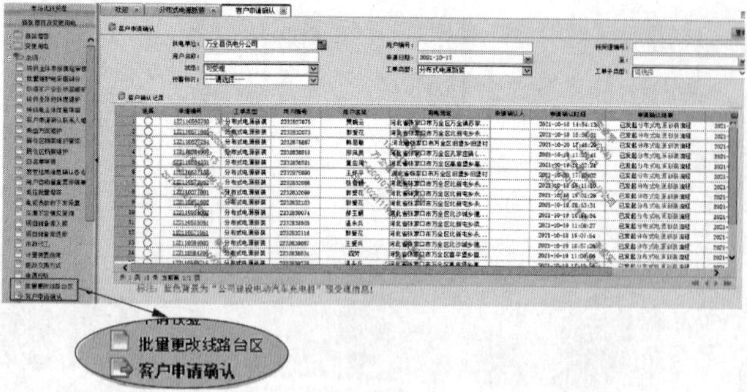

图4-1　营销业务应用系统受理网上国网申请图

◎第五十问　如何处理“网上国网”发起的分布式光伏电源自发自用余量上网用户的申请？

答：客户在“网上国网”App发起分布式光伏发电系统并网申请后，需在新装增容及变更用电模块，通过杂项中的客户申请确认功能查询申请工单，若客户申请“自发自用余量上网”，需联系客户先撤销申请，在“营销用电户或关联户”上建立“自发自用考核计量点”后，再与客户电话联系，在“网上国网”新能源模块中重新发起分布式新装申请。

◎第五十一问　受理非自然人分布式光伏客户增容有哪些注意事项？

答：需注意客户单个并网点增容后总容量不能超过6MW。若客户为专用变压器客户，当客户光伏发电设备总容量超过其专用变压器容量25%时，需要客户加装“防孤岛”装置。非自然人客户办理新增加的容量需向发改部门重新进行备案。

· 新增容量补贴标准按最新光伏补贴标准进行。

· 若项目分期建设，需核实客户前后办电主体是否一致，若发生变化需按分布式电源新装流程进行受理。

· 如增容不是在同一补贴价格文件时间内的，需要在现场勘查环节增加一个当年新的补贴电价、增加一个新并网计量点，确保补贴资金能够及时准确转付给用户。

◎第五十二问　如何正确增加分布式光伏电价?

答：分布式光伏新装流程中，在制定接入方案环节的计费方案页签，右键单击并网点，增加电价方案。选择电价时，用电分类选“其他”查询光伏电价，根据当年电价文件选取正确的电价。全额上网用户应增加一个发电电价，余电上网用户则需增加一个发电电价和一个上网电价。

◎第五十三问　分布式光伏新装流程中如何正确配置计量点方案?

答：在制定接入点方案环节中，需在计量点方案页签下增加计量点。

（1）如果用户消纳方式为全部自用，则增加一个发电关口计量点。

（2）如果用户消纳方式为全额上网，则增加一个上网关口计量点。

（3）如果用户消纳方式为自发自用余电上网，则需要分别增加一个发电关口和一个上网关口。其中，发电关口需增加新的光伏表计，而上网关口需共享关联用户的表计。

◎第五十四问 如何增加分布式光伏用户自发自用考核计量点?

答：首先通过用户提供的电费发票等信息明确分布式光伏用户的关联用户（营销用电用户）客户编号，使用改类流程增加一个与主计量点平行的自发自用考核计量点（定量定比值为0），电价选择“考核设备”，在用电电价下增加一个平行的考核电价。

该计量点的参数维护如图4-2所示。

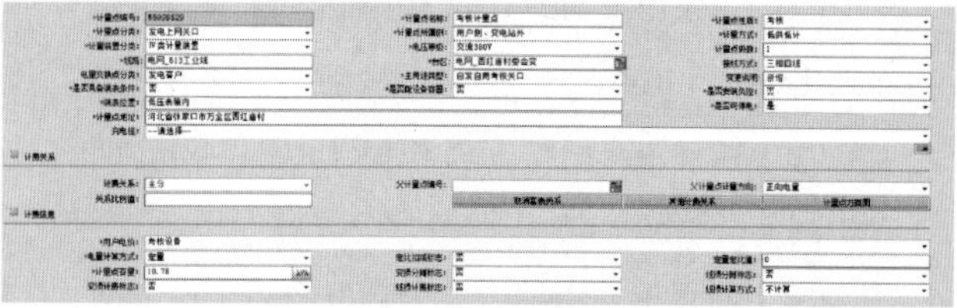

图4-2　计量点的参数维护图

操作时需注意以下关键点。

（1）主用途类型选择自发自用考核关口，计量点性质为考核。

（2）计费参数信息中，计算方式选择定量，定量定比值为0。

（3）注意在计费方案中增加一个考核电价，计费信息选择用户电价为考核电价。

考核电价设置参数如图4-3所示。

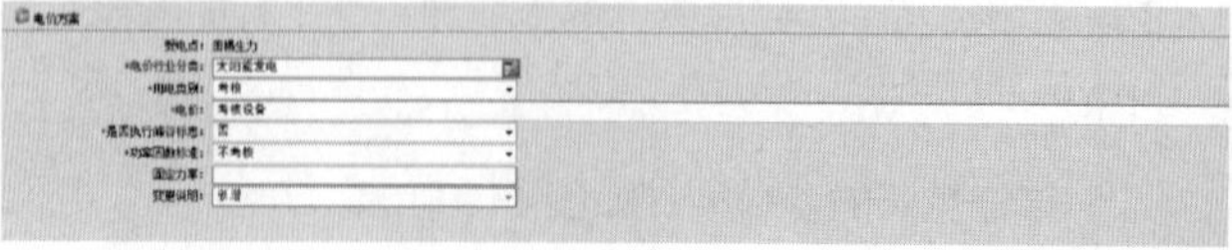

图4-3　考核电价设置参数图

（4）如果分布式光伏用户的关联用户（营销用电用户）的用电电能表是单向电能表时，需要找具备计量资产权限的账号将用电户的单向电能表调为双向计量表，或在分布式电源流程申请前现场为客户更换为双向电能表。

单向电能表调为双向计量表如图4-4、图4-5所示。

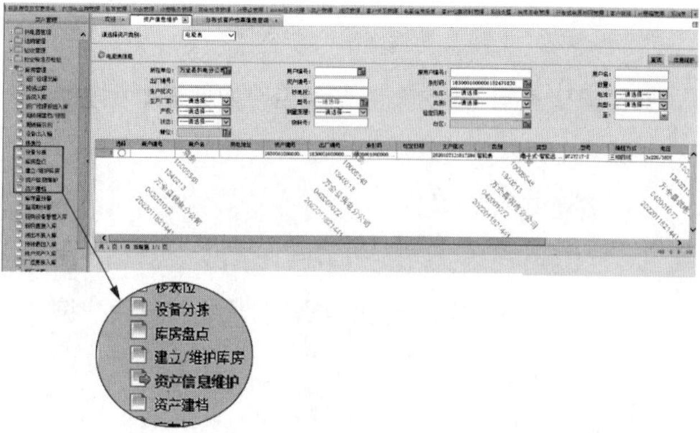

图4-4　用电户的单向电能表调为双向计量电能表图

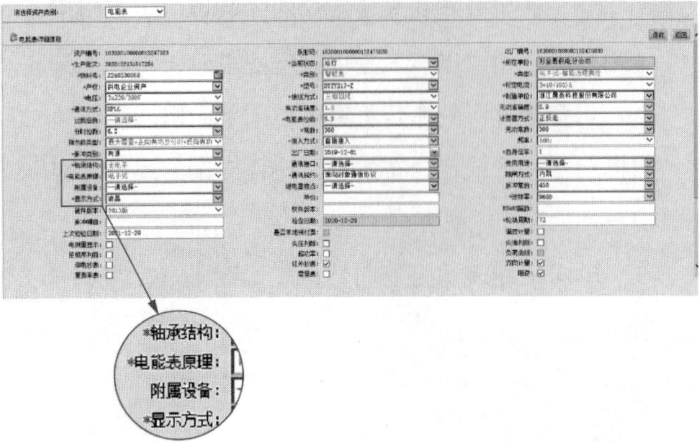

图4-5　单相表调为双向计量表图

◎第五十五问　新装流程归档后，如何增加发电客户采集点?

答：流程操作如下：

（1）在电能信息采集模块，通过公共查询中的“采集点查询”功能，输入同一台区的关联用户编号，查询所在台区的采集点编号。

查询所在台区的采集点编号如图4-6所示。

（2）通过采集点设置中的采集点修改申请功

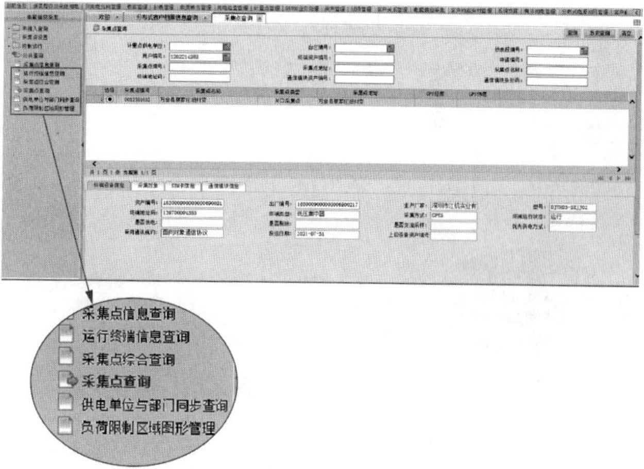

图4-6　查询所在台区的采集点编号图

能，根据采集点编号查询并选择所在台区的采集点。根据采集点编号查询并选择所在台区的采集点如图4-7所示。

（3）流程流转至采集点修改安装环节，在采集对象页签中增加发电客户。在采集对象页签中增加发电客户如图4-8所示。

（4）勾选该新增发电客户，设置采集参数，低

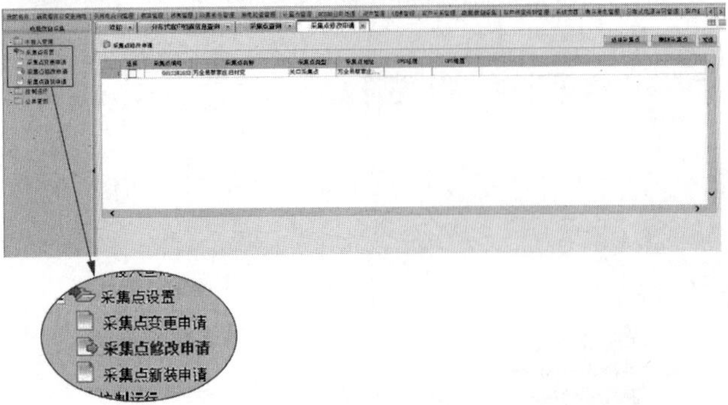

图 4-7　根据采集点编号查询并选择所在台区的采集点图

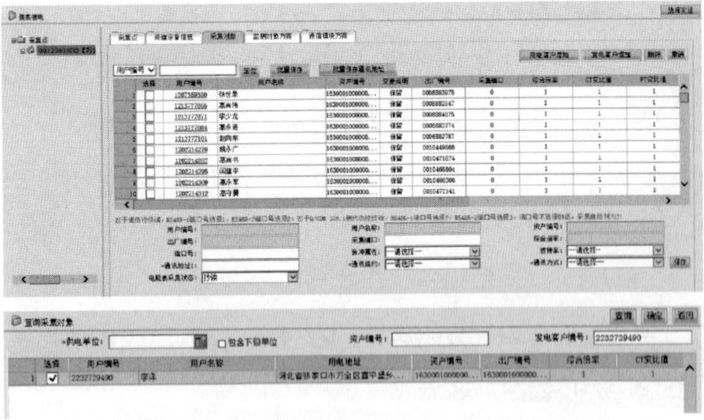

图 4-8　在采集对象页签中增加发电客户图

压用户端口号为31，通信方式为载波通信，面向对象规约电能表波特率为9600，09和13规约电能表波特率为2400等。设置采集参数如图4-9所示。

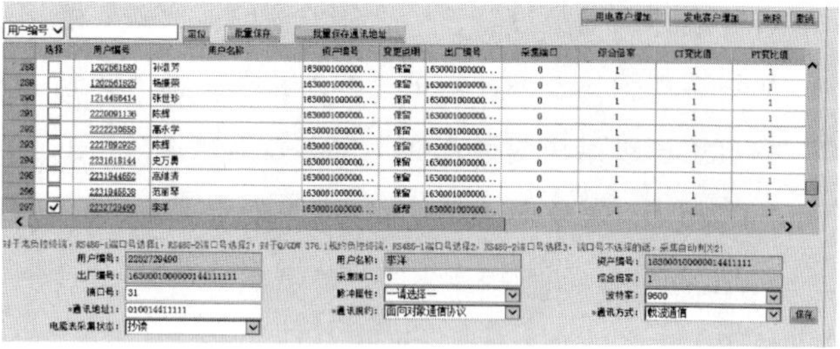

图4-9　设置采集参数图

（5）采集点修改归档环节，在终端投运页签中点击终端投运，流程归档后新装发电客户采集点增加完成。

采集点修改归档环节如图4-10所示。

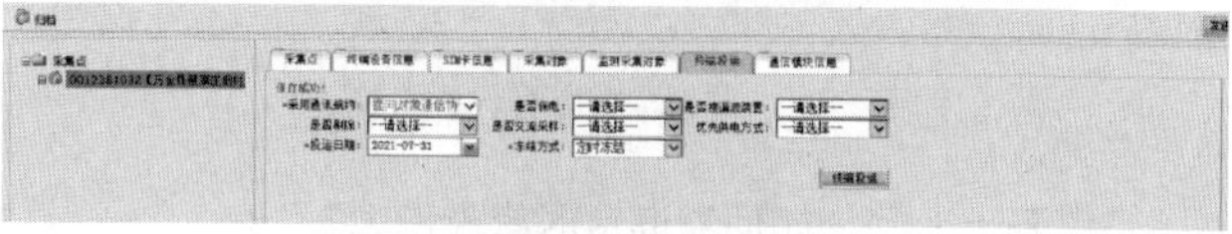

图4-10　采集点修改归档环节图

◎第五十六问　如何调试新增发电客户抄表参数?

答：通过电力用户用电信息采集系统基本应用模块，通过终端管理中的终端参数设置功能进行终端抄表参数设置，输入终端地址，选择正确的终端规约，查询并点击该终端，在采集档案参数页签通过用户编号查询并勾选采集对象，点击“下发”，下发抄表参数，点击“召测”，测试召测是否成功。调新增发电客户抄表参数如图4-11所示。

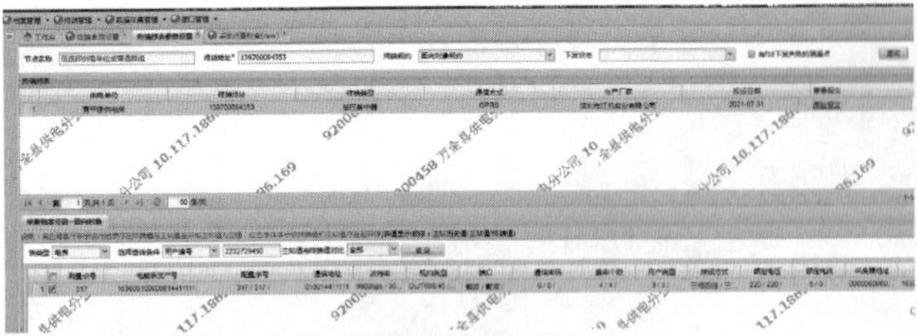

图4-11　调新增发电客户抄表参数

◎第五十七问　如何查询台区容量信息?

答：在营销业务应用系统中进入线损基础信息

管理模块，可以根据线路、台区名称、台区编号等字段查询，显示该台区容量信息，进一步也可以显示台区用户信息。

◎第五十八问　如何查询台区接入情况?

答：通过电力用户用电信息采集系统，在操作对象选择区，选择用户查询类型为分布式电源用户，输入台区编号、台区名称、或终端地址获取对应台区接入用户明细。采集系统接入用户明细查询如图4-12所示。

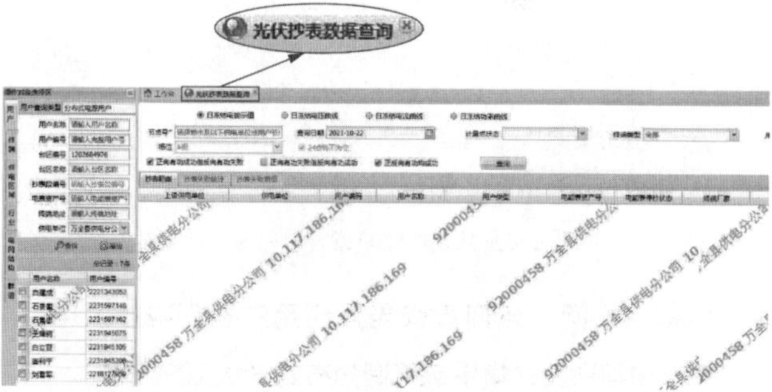

图4-12　采集系统接入用户明细查询图

◎第五十九问　如何在营销业务应用系统中查询并导出所有户基本信息？

答：在分布式电源并网管理下找到分布式档案信息查询后，直接点查询就可查整县光伏的基本信息，点左下角图标就可导出excel、pdf格式。

营销业务应用系统中查询并导出所有户基本信息如图4-13所示。

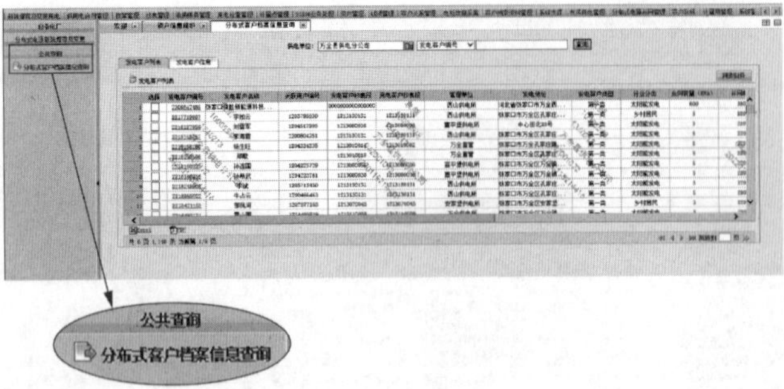

图4-13　营销业务应用系统中查询并导出所有户基本信息图

◎第六十问　如何查询当月全用户发行电量及电费？如何通过采集系统查询分布式光伏用户电量？

答：（1）在营销业务应用系统中进入分布式电

源并网管理的分布式电源收费账务管理模块，应用分布式电源应付信息查询功能，在以下界面通过输入发行时间、供电单位、抄表段编号等信息查询相应范围内的用户电量及电费明细。

营销业务应用系统中分布式电源应付信息查询功能如图4-14所示。

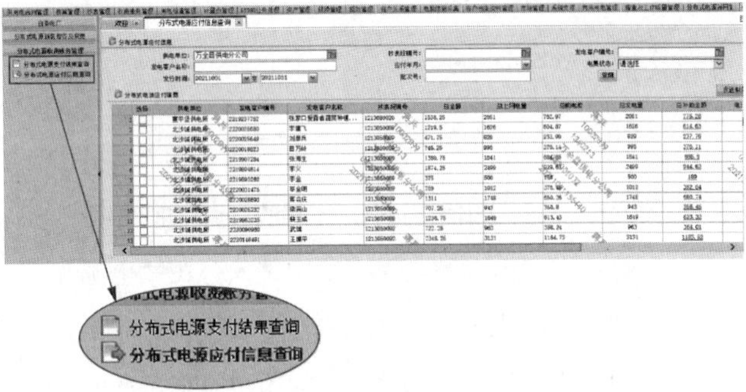

图4-14 营销业务应用系统中分布式电源应付信息查询功能图

（2）登录采集系统，通过统计查询界面，选择综合查询下的光伏抄表数据查询功能，在操作对象选择区选择查询用户类型为“分布式电源用户”，输入相应户号点击查询，勾选用户并在数据查询面板选择想要查询的日期和项目，点击查询获得相应电能表数据。采集系统查询分布式光伏用户电量如图4-15所示。

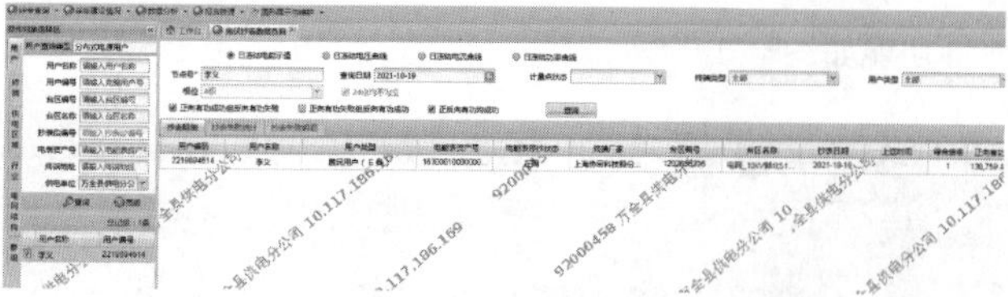

图4-15　采集系统查询分布式光伏用户电量图

◎第六十一问　如何查询用户详细发行明细?

答：在营销业务应用系统中进入分布式电源并网管理的分布式电源新装增容及变更模块，应用分布式用户电费清单查询功能，输入户号即可获取该用户详细的历史发行明细。获取该用户详细的历史发行明细如图4-16所示。

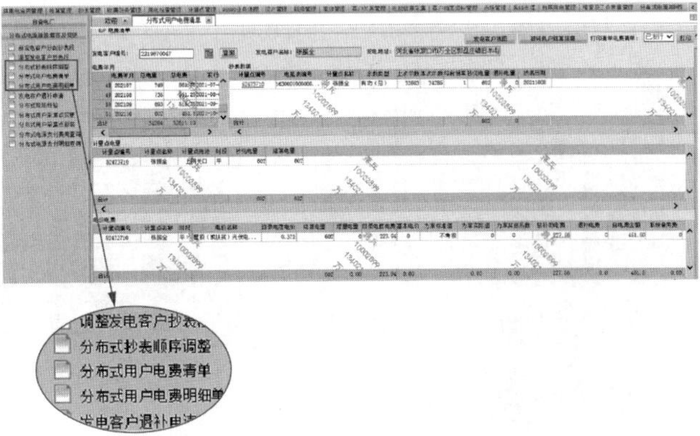

图4-16　用户详细的历史发行明细图

◎第六十二问　如何调整发电客户抄表段？

答：在营销业务应用系统中进入分布式电源并网管理的分布式电源新装增容及变更模块，通过调整发电客户抄表段功能，输入抄表段编号（要与关联用电户一致的抄表段编号），查询抄表段内用户，勾选需调整用户，输入目标抄表段编号，查询抄表段内用户，点击中间箭头按钮可互相调整抄表段内用户，流程归档后调整完毕。调整发电客户抄表段如图4-17所示。

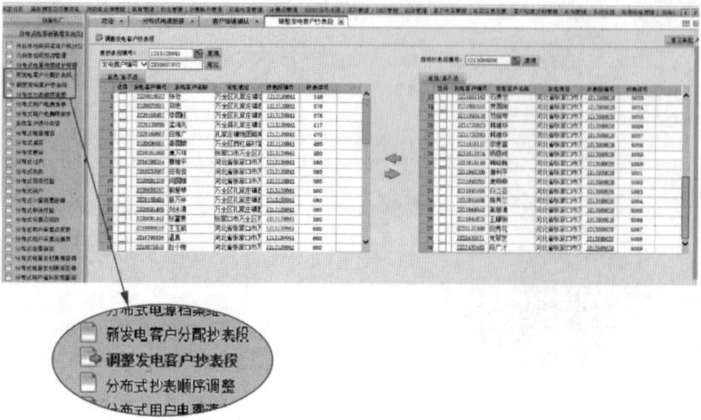

图4-17　调整发电客户抄表段图

◎第六十三问　如何退补电费?

答：在营销业务应用系统中进入分布式电源并网管理的分布式电源新装增容及变更模块，通过发电客户退补申请功能，输入退补用户客户编号，选择差错发生日期，差错原因，退补处理方法，填写详细的退补说明，以便随时查阅退补原因。在退补计算环节，正确输入退补合计电量及电费，流程归档后退补完成。退补电费如图4-18所示。

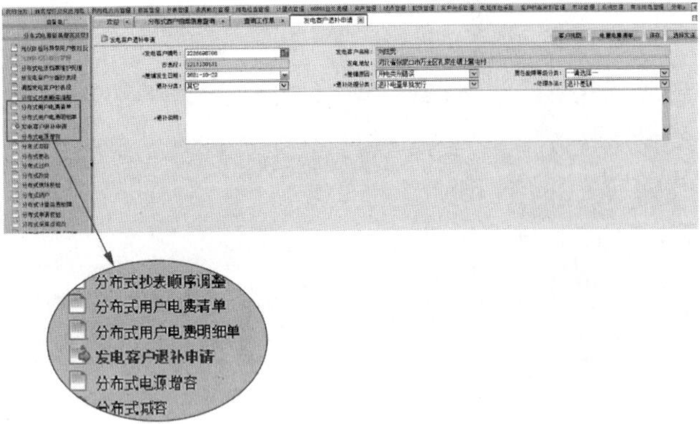

图4-18　退补电费图

◎第六十四问　如何补签或变更分布式用户发用电合同?

答：目前，营销业务应用系统暂无分布式用户合同变更功能，需通过分布式改类流程，在合同起草环节重新上传新合同，待流程归档后，合同完成变更。

◎第六十五问　如何更换分布式光伏用户的发电表?

答：在营销业务应用系统中进入分布式电源并

网管理的分布式新装增容及变更模块，通过分布式计量装置故障功能更换光伏用户故障表计。在现场勘查环节，需在电能表方案中拆除故障表计，并新增光伏表计，经配表、出库、装表、入库等环节完成系统故障表计更换流程。更换分布式光伏用户的发电表如图4-19所示。

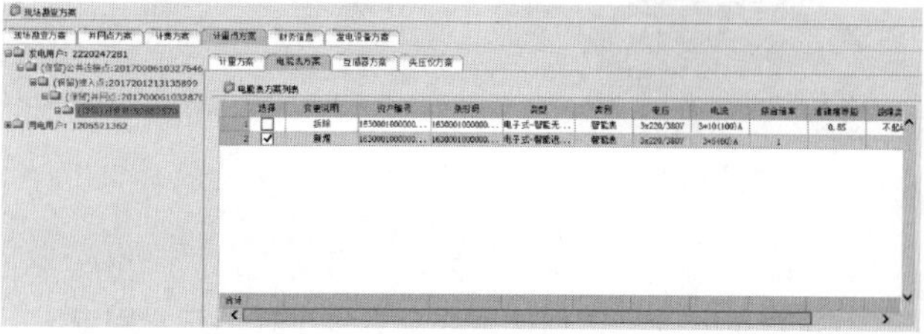

图4-19　更换分布式光伏用户的发电表

◎第六十六问　如何更换余电上网用户的共享表?

答：首先，通过分布式改类流程取消共享表计，然后在营销业务应用系统中进入新装增容及变更用电模块，通过计量装置故障功能更换用户共享表计，更换完成后，发起分布式改类流程，在发用电客户关联界面重新关联一遍关联用户，制定接入方案环节的上网计量点界面取消原共享表计，并添加更换后的共享表，并在录入示数时增加反向有功总示数类型，归档完成后完成共享表更换流程。

◎第六十七问　非自然人用户如何增加项目信息？

答：通过分布式光伏档案维护功能，进入项目信息页签增加一个新的项目，在项目编号批复文号栏目中输入项目文号（注意不要选择已有项目），填写项目名称、项目地址、项目联系人及联系方式、已投产规模、终期规模等信息，选择项目类型为光伏发电，保存后点击项目扩展信息管理，增加相应扩展信息，归档后即可同步至新能源云平台。

◎第六十八问　如何更换关联户？

答：用户更换关联户时需要先通过分布式改类流程取消原共享表计及关联户号信息，并在此分布式改类流程中删除原关联户，并重新关联新的关联户，关联完成后需在现场勘查环节共享新的表计，在装表环节增加电能表“反向有功总”示数模板，计量点用途选择“上网关口”，并增加反向有功总示数。

◎第六十九问 如何增加准确的具体地址?

答：需要在新装增容及变更用电的辅助功能菜单下找到具体地址维护功能，在正确的行政区县划分下增加准确的具体地址。增加准确具体地址如图4-20、图4-21所示。

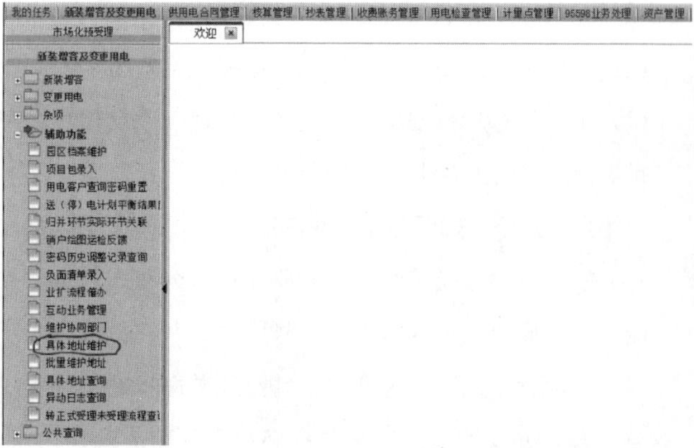

图4-20 增加准确具体地址图（一）

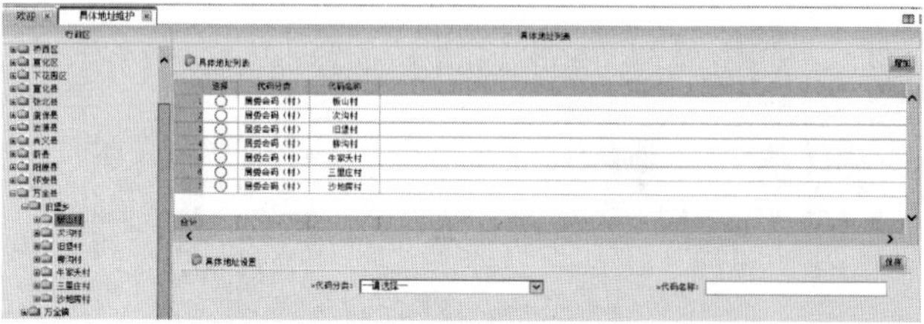

图4-21 增加准确具体地址图（二）

◎第七十问 分布式电源上网电量无法提取怎么办?

答：这是关联户电能表示数中的计量点用途错误导致的。关联户的表计有功总示数类型的计量点用途应为“售电侧结算”，反向有功总的计量点用途应为“上网关口”。如果反向有功总的计量点用途显示为“售电侧结算”，则无法提取上网电量或上网电量加在了用电户用电电量上，需通过改类流程先删除此示数，然后通过分布式改类流程在上网关口的计量点下增加反向有功总示数类型。

关联户的表计有功总示数类型的计量点用途如图4-22所示。

	计量点用途	*示数类型*	示数	抄见位数	抄表日期	电量
1	售电侧结算	有功（总）	25.25	6.2	2021-10-07	324
2	--请选择--	反向有功（总）	4145.76	6.2	2021-10-07	45360

图4-22　关联户的表计有功总示数类型的计量点用途图

◎第七十一问　如何发起分布式光伏客户销户流程?

答：当发电客户拆迁、停产、破产等原因申请停止全部发电容量时，供电企业依据有需关规定进行发电客户变更申请的受理，在营销业务应用系统分布式电源并网管理→分布式电源新装增容及变更→分布式销户模块可发起销户流程，客户电费结清后可完成归档。

分布式光伏客户营销业务应用系统销户流程如图4-23所示。

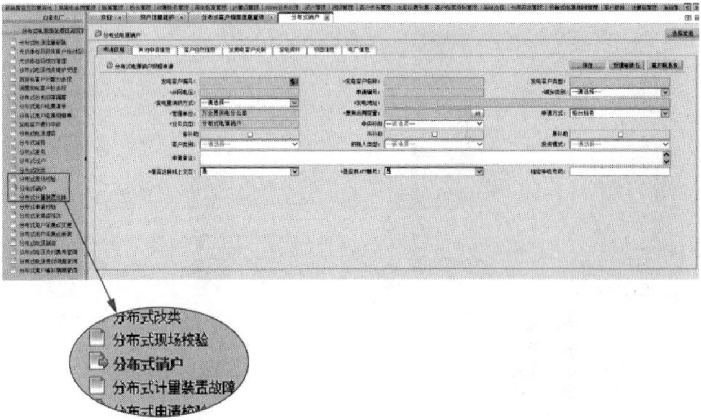

图4-23　分布式光伏客户营销业务应用系统销户流程图

◎第七十二问　如何发起分布式光伏客户更名流程?

答：在营销业务应用系统分布式电源并网管理→分布式电源新装增容及变更→分布式更名模块可发起更名流程。发起分布式更名流程后需要重新和客户签订合同，归档完成后即可完成客户更名。

受理客户更名业务时，需注意核实客户是否涉及过户。若涉及过户，需再次确认电价补贴政策是否发生变化。

分布式光伏客户更名流程如图4-24所示。

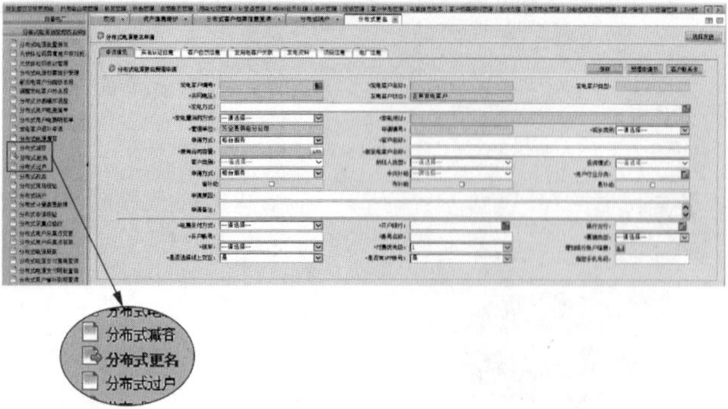

图4-24　分布式光伏客户更名流程图

◎第七十三问　用电客户台区调整了，关联的发电客户台区怎么调整?

答：在用电客户调整台区后，要在关联的发电客户也要相应地同时调整计量点、并网点的台区，用分布式电源并网管理模块下“分布式新装及变更→分布式电源档案维护”调整发电客户的台区。

◎第七十四问　如何变更银行卡信息?

答：用户提供与光伏用户名称一致的身份证、变更后的银行卡复印件，根据用户提供的信息对营销业务应用系统进行变更，同时将变更信息递转至财务相关人员，对补贴发放信息进行变更。

◎第七十五问　什么样的用户需要在新能源云平台注册申请?

答：分布式电源并网非自然人用户在供电公司并网完成后，需要在新能源平台中注册，并填写分布式并网相关资料信息。

5

第五部分

分布式光伏稽查工单常见问题

◎第七十六问　营销稽查的定义是什么?

答：营销稽查是依据国家有关政策、法律、法规和电力企业营销相关的规章制度规定，对本企业从事电力营销工作的单位或人员，在电力营销过程中的行为进行监督和检查。

◎第七十七问　分布式光伏异常稽查的关键点有什么?

答：（1）运营动态→智能用电→分布式能源→量价费稽查主题→村级光伏扶贫电站周发电是否异常。

（2）运营动态→智能用电→分布式能源→量价费稽查主题→村级光伏扶贫电站月电量发行是否异常。

（3）运营动态→智能用电→分布式能源→计量管理稽查主题→村级光伏扶贫电站当月发电量是否偏小。

（4）运营动态→智能用电→分布式能源→计量管理稽查主题→村级光伏扶贫电站是否疑似超容量发电。

（5）运营动态→智能用电→分布式能源→量价费稽查主题→分布式光伏电量是否异常。

（6）运营动态→智能用电→分布式能源→量价费稽查主题→分布式电源用户电价执行是否异常。

（7）运营动态→智能用电→分布式能源→量价费稽查主题→光伏发电用户结算是否异常。

（8）运营动态→智能用电→分布式能源→业扩报装稽查主题→分布式电源并网时限是否超短（归档）。

◎第七十八问 分布式光伏异常稽查系统中的主题判定规则是什么?

答：（1）村级光伏扶贫电站周发电异常的稽查对象为冀北1769户村级光伏扶贫电站用户。统计上述用户连续7天（上周五至本周四）发电量为0以及连续7天采集失败的用户明细。连续7天发电量为0，指第1天和第7天电量差值为0；连续7天采集失败，指连续7天内正向有功示值为空或是为0。

（2）村级光伏扶贫电站月电量发行异常。稽查对象为冀北1769户村级光伏扶贫电站用户。统计上述用户营销业务应用系统中当月未发行电量或发行电量为0的用户明细。

（3）村级光伏扶贫电站当月发电量偏小。筛查营销业务应用系统中月度发行电量<系统中装机容量×60h的电站明细。

（4）村级光伏扶贫电站疑似超容量发电。筛查营销业务应用系统中月度发行电量→系统中装机容量×225h的电站明细。

（5）分布式光伏电量异常。分布式光伏电量异常，筛查分布式光伏用户在上一电费考核周期内电量异常，并对以下情况进行稽查监控：①消纳方式为全部自用，月度上网电量却不为0；②消纳方式为全部上网，月度有发电量，但上网电量为0；③月度发电量为0；④月度上网电量大于发电量；⑤月度发电量远大于地区正常理论值［系统装机容量×年日照时长（h）/12］。取数时间范围：上一电费考核周期，即上月7日0点（含0点）至本月7日0点（不含0点）。

（6）分布式电源用户电价执行异常。分布式电源用户电价执行异常，每月筛查营销业务应用系统所有分布式光伏用户的电价执行情况，并对以下情况进行稽查监控：①自发自用余电上网用户（非金太阳、建筑一体化项目）未设置发电补贴或发电补贴为0，剔除取消发电补贴以后的用户；②分布式光伏余电上网和全额上网用户未设置上网电价或上网电价设置为0。

（7）光伏发电用户结算异常：业务定义，筛选此类用户中单月无电费发行记录、发行电费0元或上一月结算周期税率变更的用户，并进行稽查监控。

（8）分布式电源并网时限超短（归档）。分布式电源并网时限超短（归档），筛查营销业务应用系统上一统计周期内所有分布式电源归档流程，对从首次受理环节至归档完成的时长不超过2个工作日情况进行稽查监控，剔除无外部工程的自然人分布式电源。取数时间范围：上一统计周期，即上上月26日0点（含0点）至上月26日0点（不含0点）。

◎第七十九问　造成分布式光伏异常的问题种类主要有什么?

答:（1）没有按月抄表发行电量，导致当月发电量为0，下月疑似超容量发电。

（2）采集系统没有上线，导致几个月电量一并发行。

（3）用户设备损坏或者拒绝维修。

（4）电站设备检修等原因，导致当月无法发行电量，与下月电量一并发行。

（5）业扩报装流程环节作业不符合规范。

（6）换表、倍率错误。

（7）其他特殊情况。

◎第八十问　分布式光伏异常的问题特点是什么?

答:（1）营销业务应用系统。抄核收管理不到位，多月电量一起发行，造成疑似超容量发电情况。

（2）第三方不可抗力。用户设备损坏，拒绝维修，放弃维修；电站检修，采集未上线等不可抗力造成当月无法发行电量。

（3）客户现场。客户光伏板安装容量与纸质档案或系统档案不一致；客户办理新装业务过程中，现场施工等环节过快，未按流程进行。

（4）其他特殊情况。

◎第八十一问　分布式光伏异常的分析方法有哪些?

答：（1）系统核实法。利用营销业务应用系统、采集系统，核实该问题户的实际发电量、上网电量、抄表列日、客户档案等相关信息。

（2）现场核实法。核实该用户纸质档案，到用户光伏设备安装地点核实设备运行情况，光伏板容量是否与纸质档案、系统档案中维护一致，以及逆变器运行情况等。

◎第八十二问　稽查系统分布式异常工单要怎么处理?

答：稽查系统工单处理流程如下。

（1）登录稽查系统（选择合适的浏览器）打开网址。网址如下：http://10.118.2.80/isc_sso/login?service=http%3A%2F%2Fjbjcjk.jibei.sgcc.com.cn%3A8

0%2FSGPMMP%2FbaseCommon%2Fdefault1.jsp

稽查系统网页如图5-1所示。

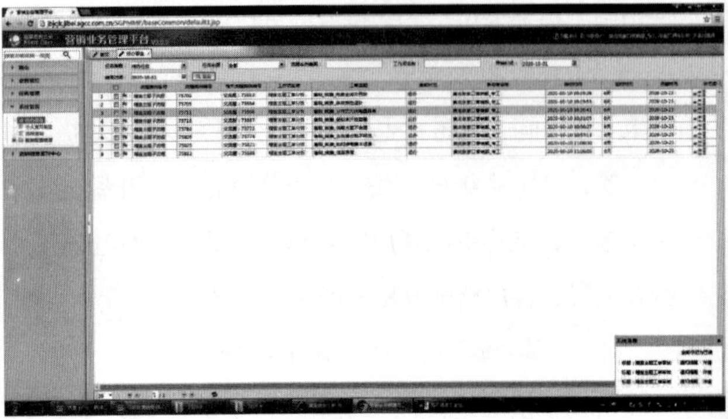

图5-1　稽查系统网页图

（2）登录后最左侧下拉系统管理菜单，依次选择待办事宜—工作项目名称列—稽查主题工单分析—分析处理—点分析处理进入后，出现明细，在序号最下方点下箭头，将页码设置为200，可导出全部异常工单明细。在序号处点击全选工单后，在工单接受人后方蓝色双方框单击进入开始添加工单接收人。选择接受人后在问题描述中输入内容后点击最下方的保存按钮。保存后退出到一开始的分析处理页面，点“传递”，工单就发送到上一步选择的工单受理人账号中。待办稽查主题工单传递流程如图5-2～图5-5所示。

图5-2　待办稽查主题工单分析图

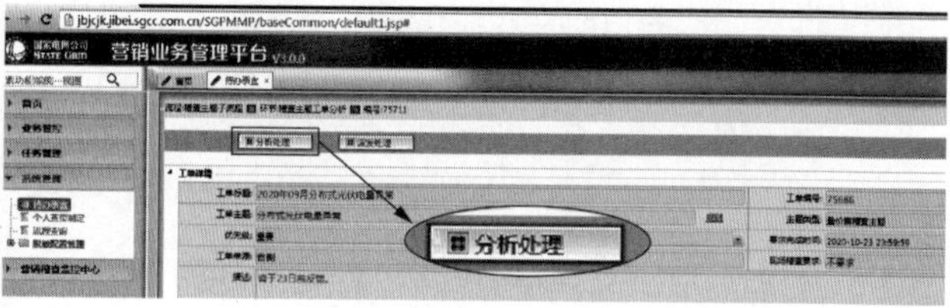

图5-3　分析处理图

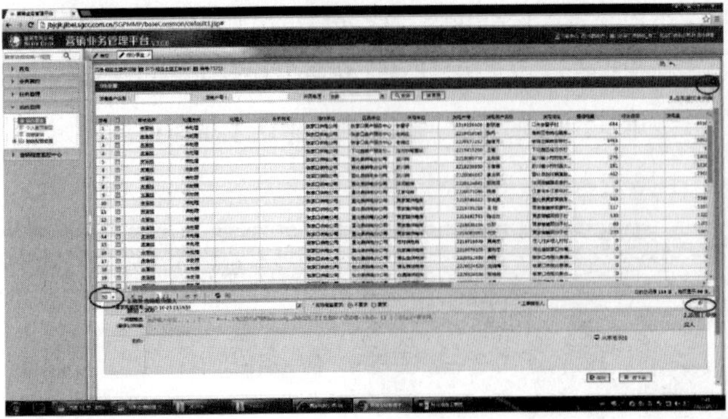

图5-4　分析处理操作图

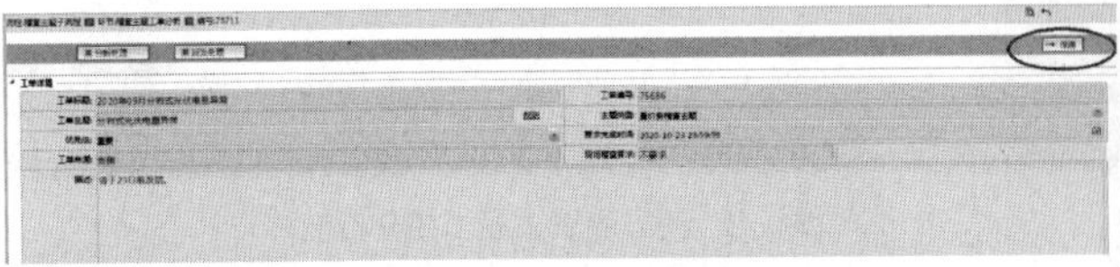

图5-5　工单传递图

工单传递的步骤到此结束，接下来开始正式处理异常。

处理异常如图5-6所示。

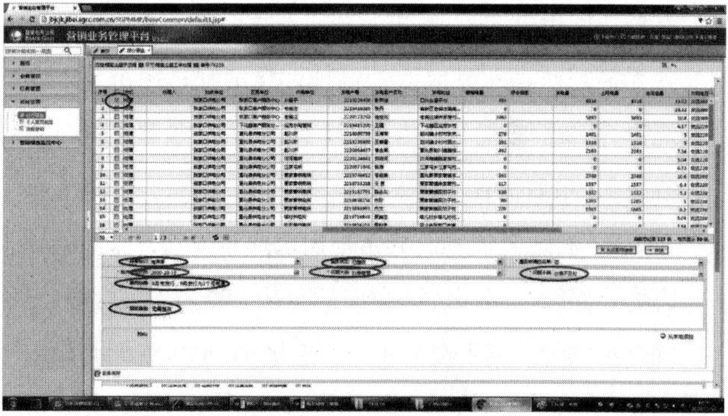

图5-6　处理异常图

（3）点击进入稽查主题工单分析开始正式处理异常，每次只能勾选一条，勾选后看后侧的差错类型，以张家口最常出现的几种情况为例（实例中的选项并非标准答案）。

1）月度发电量远大于地区正常理论值。这是几个月合并发行造成当月的电量异常情况。此时，在异常标识选择“有异常”；整改状态选择已整改。日期选择当天，问题大类选择抄表管理；问题小类为抄表不及时（自行选择）；原因说明选择该户7月未发行，此电量为7、8两个月的累计电量。整改措施为无需整改，业务成效处选择计量消缺；经济成效选择无经济成效（未与用户产生资金关系选无经济成效），最后保存，开始处理下一条。

2）有退补流程。异常标识选择有异常，整改状态为已整改。日期选择当天，问题大类为抄表管理；问题小类为抄表不及时（自行选择）；原因说明为除简单的原因分析外，加上退补流程编号；业务成效选择计费修正（自行选择）；经济成效为无经济成效（未与用户产生资金关系选无经济成效，与用户产生资金关系的选有经济成效）。

3）用户自身原因。如用户设备损坏，拆迁等原因，这种情况选择无需整改，后面异常标识选择无异常，附件中上传佐证。

4）怀疑用户私自增容。异常标识选择有异常，整改状态为整改中。日期选择当天，问题大类为违约用电；问题小类为私增容（自行选择），原因说明为现场疑似用户私自增容；整改措施选择现场勘察，如有用户私自增容情况，责令其拆除设备，按照供用电合同相关规定处理。工单处理示例如图5-7所示。

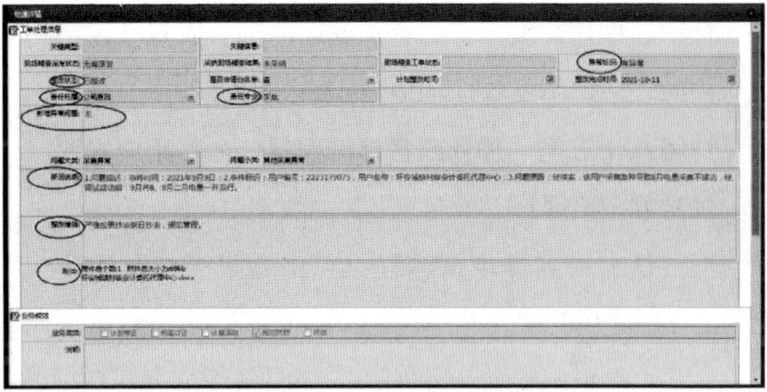

图5-7　工单处理示例图

（4）目前系统回复页面进行了改进，在原基础上添加了责任归属、责任专业及新增异常回复三个部分。

以图片户选项为例。由于上月系统采集不成功，两个月或者三个月的电量集中于本月发行，造成本月发电量异常，这种情况责任归属处选择“公司原因”，责任专业选择“采集”。新增异常问题处写“无”即可。有设备损坏，用户拒绝维修等情况的，属用户责任，责任归属选用户责任或者第三方即可，责任专业无需选择。

在回复原因说明时，注意带上事件时间；事件标识，即用户编号、名称；问题原因。回复整改措施时，注意不要与原因说明回复内容相同。

◎第八十三问　加入白名单流程是什么？用户需要注意哪些事项？

答： 白名单申请流程：点击营销稽查监控中心-白名单管理。

白名单申请流程如图5-8～图5-10所示。

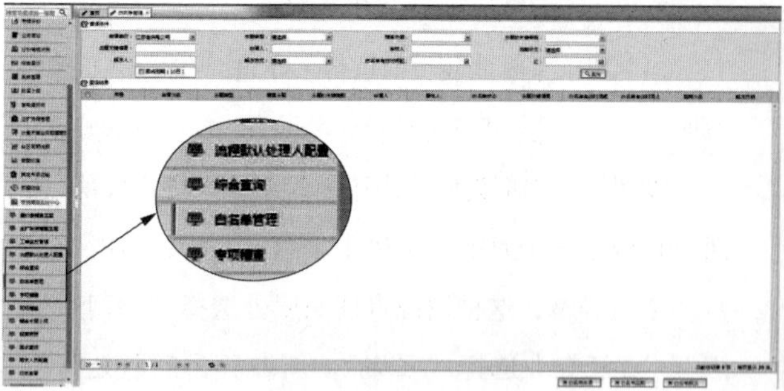

图5-8　白名单申请页面图

点击白名单申请，选择“录入申请”对应的主题信息，如图5-9所示。

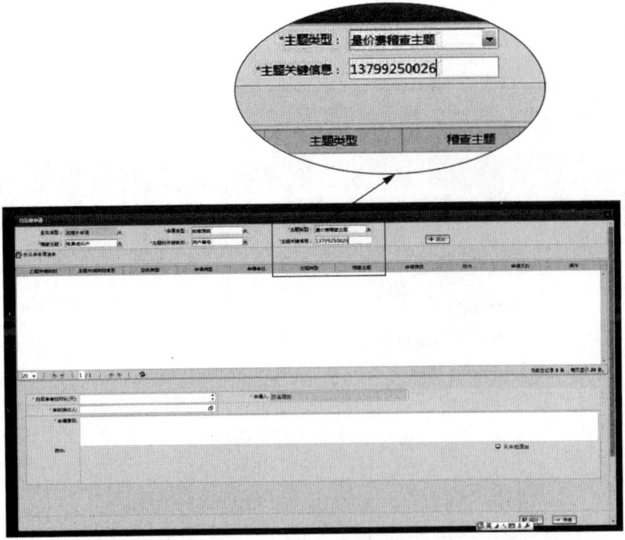

图5-9　录入申请的对应的主题信息图

录入相关信息后，点击“保存”，逗号并传递，如图5-10所示。

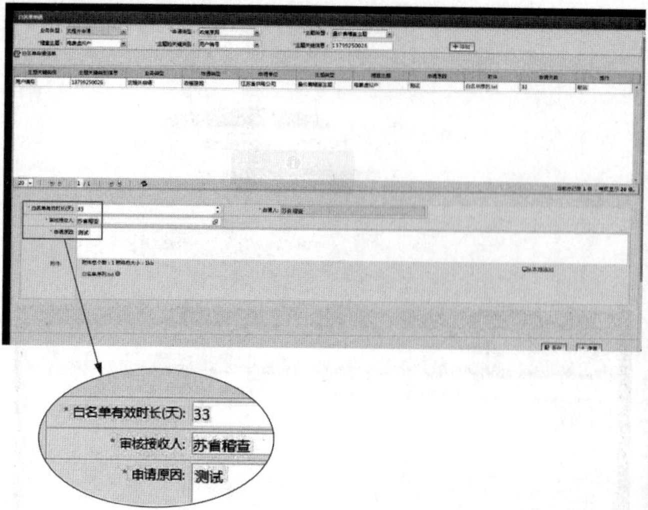

图5-10　录入相关信息

点击“保存”，并传递，如图5-11所示。

下一环节处理人登入系统，进入待办，点击“对应申请”的流程编号，进入审核界面，如图5-12所示。

图5-11　传递后确认图

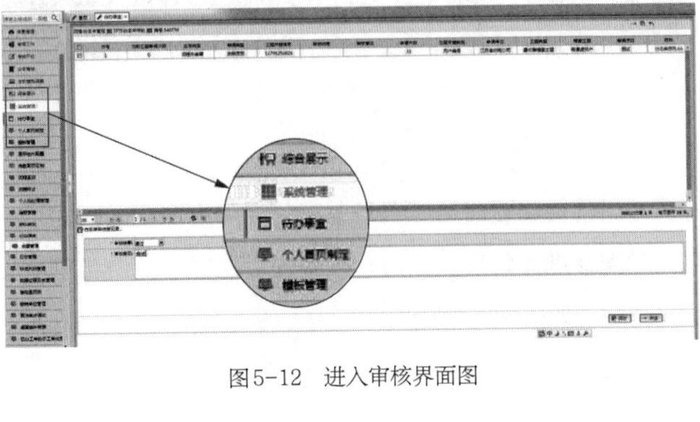

图5-12　进入审核界面图

填报审核相关信息，点击“保存”后，再选择“传递”，完成审核，结束流程如图5-13所示。

图5-13　结束流程图

需要注意的是，白名单有效期限为180天，此时需要进行延期。点击营销稽查监控中心→白名单管理，如图5-14所示。

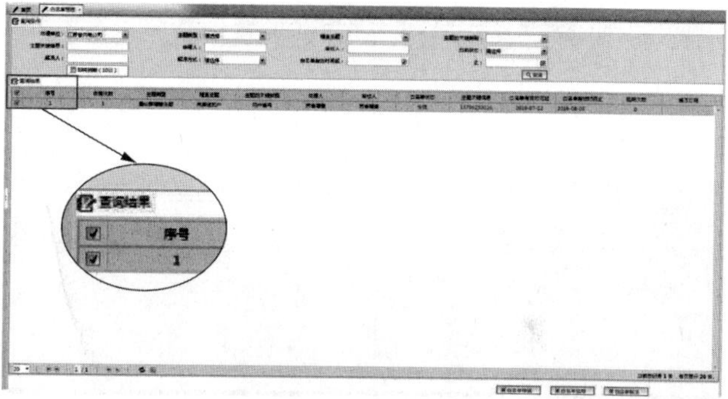

图5-14　白名单管理图

勾选有效期即将到期的白名单，点击白名单延期进行延期申请，流程步骤与白名单申请一致。

勾选需要解冻的白名单记录，点击白名单解冻，进行解冻操作如图5-15所示。

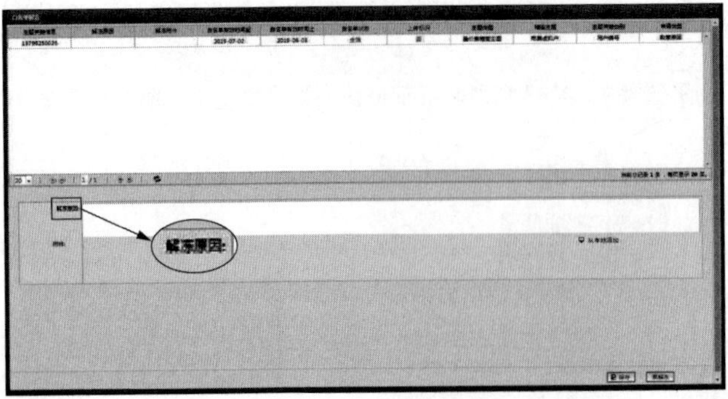

图5-15　解冻操作图

录入解冻信息后，点击“保存”，完成解冻，如图5-14所示。

白名单查询。点击营销稽查监控中心→白名单管理。录入对应的查询条件，进行查询操作，如图5-14所示。

点击“主题关键信息”，展示对应白名单信息如图5-16所示。

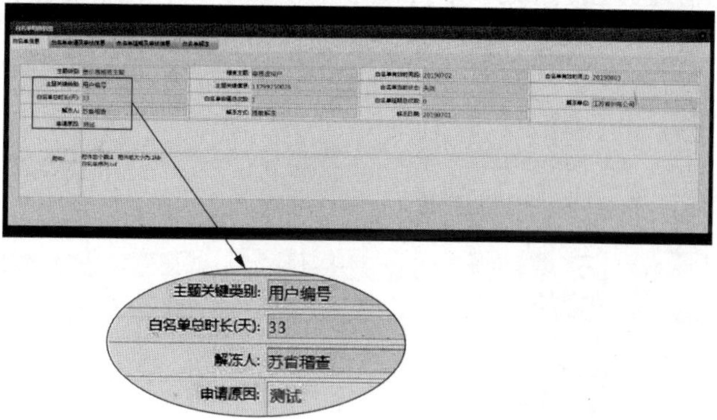

图5-16　展示对应白名单信息图

◎第八十四问　成效补录的流程是什么?

答： 需要走成效补录流程的通常为该月稽查工单整改状态为整改中的用户。

依次打开登录稽查系统→营销稽查监控中心→成效管理→整改成效补录，如图5-17所示。

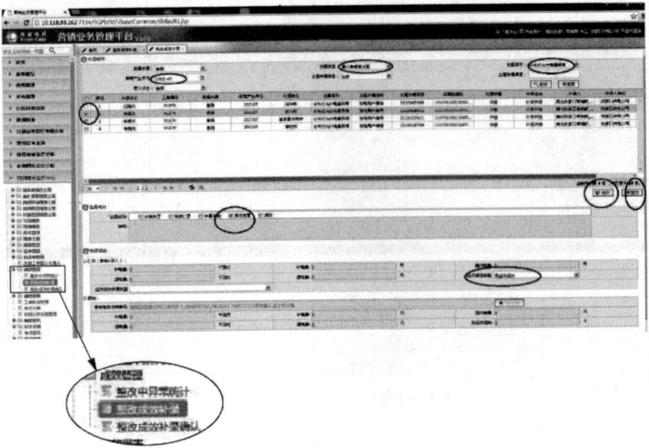

图5-17　成效补录图

再依次选择异常产生年月→主题类型→主题名称→选择序号→选择业务成效类型→经济成效类型→保存→提交。

关于经济成效类型，如果没有与用户之间产生实际的金钱退补，可选无经济成效。如有实际的金钱退补，则在补电费或退电费中填写金额，经济成效类型中填写相应的成效类型，最后在营销整改流程编号处填写流程编号。

◎第八十五问　怎样新增工单默认处理人?

答：第一次处理某个主题的稽查工单时，需要先添加默认处理人，如图5-18、图5-19所示。

图5-18　新增工单默认处理人

操作步骤：营销稽查监控中心→白名单管理→主题工单默认处理人→选择供电单位→稽查工单类型→主题名称→新增→人员名称→生效日期→保存。

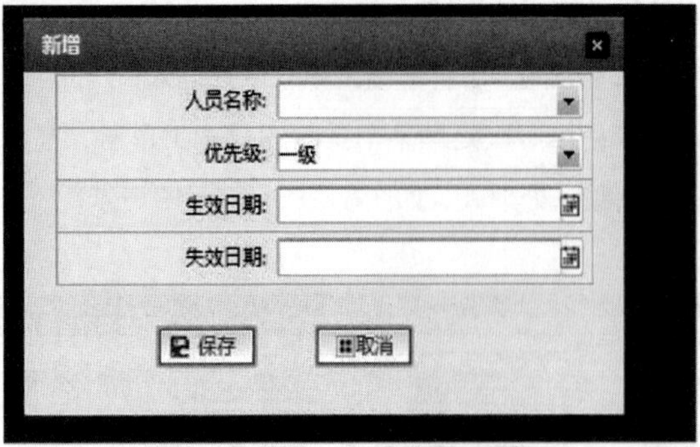

图5-19　新增人员图

◎第八十六问　因采集系统可以采集电量但186系统无电量导致的稽查异常怎么处理？为什么有的零度户需要上采集系统看一下线路电压？

答：（1）通过退补流程来补充电量电费。

（2）有的零度户需要上采集系统看一下线路电压是因为，同一台区里光伏用户很多，造成线路末端电压增高，线路电压高于逆变器出口电压的用户，造成光伏板虽然发电了，但是电量无法传上到电网的情况，使采集系统表底不再增加。

◎第八十七问　稽查工单回复时效是什么?

答: 通常稽查工单下发时会同时通知工单回复时限，在时限前回复即可。

◎第八十八问　什么样的稽查工单可提交白名单？对于发电量异常，却长期联系不上的用户怎么处理?

答:（1）工单无法整改的情况下需提交白名单及佐证。

（2）用户知晓设备损坏，拒绝维修或无法维修时，可建议用户销户或签署一份情况告知书，无法签字的，可以短信、微信的形式告知用户，并发送情况告知书。

告知函

________镇（乡）________村________，你处光伏长期发电量为零，经供电公司与________镇（乡）________村________共同核查，发现你处光伏已拆除导致无法正常发电，无供电公司责任，请你尽快联系厂家进行处理。特此告知。

告知单位：××县供电公××供电所

2022年　月　日

用户签字：

签字时间：

第六部分

现场常见问题

◎第八十九问　分布式光伏系统安装需要注意什么?

答：（1）电池板阵列安装方位角和倾斜角，电池板组之间应避免遮挡，包括周围建筑物、树木等。

（2）支架放置应稳定、牢固。

（3）走线距离及汇流箱位置应尽量走线距离短且平均，接线端子要牢固，安装时注意极性，避免引起爆炸和火灾。

（4）控制器一般要有相应的配电保护措施。

◎第九十问　如何选取分布式光伏现场并网点?

答：根据并网电压等级不同，并网点尽量选取靠近光伏电源的线路杆塔，并选取其他供电设备较少的杆塔并网。

◎第九十一问　分布式光伏并网的电缆与逆变器有哪些要求?

答：（1）电缆：根据容量、最大功率选取电缆型号。

（2）逆变器：选取有资质的正规厂家生产的，

逆变器额定功率要大于等于分布式光伏组件的最大功率。

◎第九十二问　如何了解施工单位的信息?

答：可以登录国家能源局网站（网址）（http://zizhi.nea.gov.cn/）或登录网上国网App→查询→受电工程市场信息→客户工程单位查询可进行设计、施工单位资质查询。

◎第九十三问　分布式光伏并网发电系统现场施工都有哪些程序?

答：分布式光伏并网发电系统的施工程序有：基础的建设，支架的安装，组件的安装，汇流箱，逆变器，配电柜等电器设备的安装，连接线路的安装，电网接入系统及计量装置的安装。

◎第九十四问　分布式光伏发电系统接入电网需满足什么条件?

答：（1）逆变器输出汇总点必须设置易于操作、可闭锁、且具有明显断开点的并网总断路器，以保证电力设备维修人员的人身安全。

（2）分布式光伏发电系统和并网点设备的防雷和接地应符合国家电网公司规定要求。

（3）分布式光伏发电系统和电网异常、故障时，应具有相应继电保护功能，保护电网和发电设备的安全运行，确保维护人员和公众人身的安全。

（4）分布式光伏发电系统的二次直流系统的设计配置及蓄电池的放电容量应符合相关规程的技术要求。

（5）分布式光伏发电系统的电能质量满足规程要求，电压谐波和波形畸变、电压偏差、电压波动和闪变、电压不平衡度、直流分量在规定的范围内。

◎第九十五问　分布式光伏发电系统并网验收的时候都验什么？需要哪些竣工资料？

答：验收时需要核验客户并网组件、逆变器、开关设备、保护设备、电缆等并网设备是否与所提供的设备合格证一致，防雷、接地设备是否符合国家、电力技术规范标准。分布式电源并网调试和验收需提供的材料清单如表6-1所示。

表6-1　分布式电源并网调试和验收需提供的材料清单

序号	资料名称	220V项目	380V项目	10kV逆变器类项目	35kV项目、10kV旋转电机类项目
1	施工单位资质复印件［承装（修、试）电力设施许可证］	√	√	√	√
2	主要设备技术参数、型式认证报告或质检证书，包括发电、逆变、变电、断路器、隔离开关等设备	√	√	√	√
3	并网前单位工程调试报告（记录）		√	√	√
4	并网前单位工程验收报告（记录）	√	√	√	√
5	并网前设备电气试验、继电保护整定、通信联调、电能量信息采集调试记录		√	√	√
6	并网启动调试方案				√
7	项目运行人员名单（及专业资质证书复印件）			√	√

注　光伏电池、逆变器等设备，需取得国家授权的有资质的检测机构检测报告。

◎第九十六问　分布式光伏发电系统并网后如何维护?

答:（1）保持光伏组件阵列面的整洁，定期清扫。

（2）维护人员应定期对蓄电池进行均衡充电，一般一季度需要2~3次。

（3）定期检查逆变器是否异常，检查控制器的运行工作参数与设计值是否一致。

（4）在雷雨过后或者雷雨季节到来之前，检查方阵汇流盒及各设备内安装的防雷保护器是否失效，并根据需要及时更换。

◎第九十七问　连续阴天或者光照不足时，分布式光伏发电系统还会发电吗？会不会因为发电不足而导致断电?

答:分布式光伏发电组件在一定弱光下也是可以发电的，但是由于连续阴天或者光照不足时，光伏系统的工作电压如果达不到逆变器的启动电压，那么系统就不会工作，当光伏系统不能满足负载需求而不工作时，电网的电将自动补充过来，不存在断电的问题。

◎第九十八问　分布式光伏发电系统雷电危害有哪些？现场如何防护？

答：雷电危害主要分为两种，直接雷击和间接雷击。直接雷击的防护：在高大的建筑上设立金属避雷入地导线，可将巨大的雷雨云层电荷释放掉。

间接雷击的防护：在光伏系统中加入防雷器，也就是在汇流箱、逆变器等电器设备中装加防雷模块，用以防范间接雷击。

◎第九十九问　分布式光伏发电系统的常见故障有哪些？如何处理分布式光伏发电系统的常见故障？

答：分布式光伏发电系统的常见故障有：

（1）未达到逆变器额定工作电压而导致逆变器无法启动。

（2）发电组件损坏或者断路导致发电量远远低于平均水平。

（3）过电流导致电路断路器跳闸。

（4）接线盒烧毁、组件局部烧毁。

（5）雷击导致发电系统瘫痪。当分布式光伏发电系统故障时，如果故障点为业主资产，业主需先电话联系安装商或运营商将系统问题说明，安装商、运营商或维护商会根据用户叙述内容进行解答，如无法将故障排除，会派出专人到现场进行检修。如果故障点为供电公司资产（如电能表计量故障、损坏等），供电公司会在规定时间内主动为业主解决故障，保证发电系统尽快发电。

◎第一百问　分布式光伏并网发电系统的发电量监控数据与电能表的计量数据是一样的吗？误差有多大？

答：分布式光伏并网发电系统的发电量监控数据和发电表的计量数据不一定是一样的，因为光伏并网发电系统使用的监控设备往往是系统建设单位自己采用的设备，而电能表计量设备是经国家电力部门校验合格的电能表计量设备，因此，发电量监控设备上的数据可作为参考数据，而上网电费和补贴费用是依据电力部门安装的电能计量设备计量电量进行结算的。

附　录

并网服务管理常用表单

附录1

分布式电源接入系统方案项目
业主（用户）确认单

××公司（项目业主）：

你公司（项目业主）××项目接入系统申请已受理，接入系统方案已制订完成，现将接入系统方案、接入电网意见函（适用于35kV、10kV接入项目）告知你处，请收到后，确认签字，并将本单返还客户服务中心。若有异议，请到客户服务中心咨询。

项目单位：（公章）　　　　客户服务中心：（公章）

项目个人：（经办人签字）

附录2

关于××项目接入电网意见的函

××公司（项目业主）：

你公司（项目业主）××项目接入系统方案已制定并经你方确认。经研究，原则同意该项目接入电网，具体意见如下：

一、项目本期规模为××kW，规划规模为××kW。经双方商定，本项目电量结算原则为：（全部自用/自发自用剩余电量上网）。

二、该项目本期接入系统方案（详见附件）为：（按并网点逐个描述接入系统方案）。

三、请按此方案开展项目相关设计、施工等后续工作。

四、项目主体工程和接入系统工程完工后，请前往××客户服务中心申请并网调试和验收服务。

五、本意见函可作为项目核准（或备案）支持性文件之一，文件有效期1年。

××电力公司（公章）

附录3

国家能源局关于2021年风电、光伏发电开发建设有关事项的通知

国能发新能〔2021〕25号

各省（自治区、直辖市）能源局，有关省（自治区、直辖市）及新疆生产建设兵团发展改革委，各派出机构，国家电网、南方电网、内蒙古电力公司、电规总院、水电总院，各有关企业，各有关行业协会（学会、商会）：

2021年是“十四五”开局之年，风电、光伏发电进入新发展阶段。为持续推动风电、光伏发电高质量发展，现就2021年风电、光伏发电开发建设有关事项通知如下：

一、总体要求

深入学习贯彻习近平生态文明思想和习近平总书记关于能源安全新战略的重要论述，落实碳达峰、碳中和目标，以及2030年非化石能源占一次能源消

费比重达到25%左右、风电太阳能发电总装机容量达到12亿kW以上等任务，坚持目标导向，完善发展机制，释放消纳空间，优化发展环境，发挥地方主导作用，调动投资主体积极性，推动风电、光伏发电高质量跃升发展。2021年，全国风电、光伏发电发电量占全社会用电量的比重达到11%左右，后续逐年提高，确保2025年非化石能源消费占一次能源消费的比重达到20%左右。

二、强化可再生能源电力消纳责任权重引导机制

按照目标导向和责任共担原则，根据“十四五”规划目标，制定发布各省级行政区域可再生能源电力消纳责任权重和新能源合理利用率目标，引导各省级能源主管部门依据本区域非水电可再生能源电力消纳责任权重和新能源合理利用率目标，积极推动本省（区、市）风电、光伏发电项目建设和跨省区电力交易，确定本省（区、市）完成非水电可再生能源电力最低消纳责任权重所必须的年度新增风电、光伏发电项目并网规模和新增核准（备案）规模，认真组织并统筹衔接做好项目开发建设和储备工作。

三、建立并网多元保障机制

建立保障性并网、市场化并网等并网多元保障机制。

各省（区、市）完成年度非水电最低消纳责任权重所必需的新增并网项目，由电网企业实行保障性并网，2021年保障性并网规模不低于9000万kW。保障性并网规模可省际置换，通过跨省区电力交易落实非水电消纳责任权重的，经送、受省份协商并会同电网企业签订长期协议后，根据输送（交易）新能源电量相应调减受端省保障性并网规模并调增至送端省。保障性并网项目由各省级能源主管部门通过竞争性配置统一组织。

对于保障性并网范围以外仍有意愿并网的项目，可通过自建、合建共享或购买服务等市场化方式落实并网条件后，由电网企业予以并网。并网条件主要包括配套新增的抽水蓄能、储热型光热发电、火电调峰、新型储能、可调节负荷等灵活调节能力。

四、加快推进存量项目建设

2020年底前已核准且在核准有效期内的风电项目、2019年和2020年平价风电光伏项目、以及竞价光伏项目直接纳入各省（区、市）保障性并网项目范围。各类存量项目应在规定时限内建成投产，对于超出核准（备案）有效期而长期不建的项目，各省级能源主管部门应及时组织清理，对确实不具备建设条件的，应及时予以废止。

各省2021年保障性并网规模主要用于安排存量项目。存量项目不能满足今年非水电最低消纳责任权重要求、保障性并网仍有空间的省（区、市），省级能源主管部门应按剩余保障性并网规模抓紧组织开展竞争性配置，确定2021年并网的新增项目，加快核准（备案），积极推进建设，确保尽早建成投产。

五、稳步推进户用光伏发电建设

2021年户用光伏发电项目国家财政补贴预算额

度为5亿元，度电补贴额度按照国务院价格主管部门发布的2021年相关政策执行，项目管理和申报程序按照《国家能源局关于2019年风电、光伏发电项目建设有关事项的通知》（国能发新能〔2019〕49号）有关要求执行。在确保安全前提下，鼓励有条件的户用光伏项目配备储能。户用光伏发电项目由电网企业保障并网消纳。

六、抓紧推进项目储备和建设

各省级能源主管部门应根据《可再生能源发展“十四五”规划》明确的方向和任务，依据本省（区、市）2022年非水电最低消纳责任权重，确定2022年度保障性并网规模，抓紧组织开展保障性并网项目竞争性配置，组织核准（备案）一批新增风电、光伏发电项目，做好项目储备，推动项目及时开工建设，实现接续发展。

七、保障措施

各省级能源主管部门要及时公布保障性并网规模，落实保障性并网和市场化并网项目，及时编制年度开发建设方案并抓紧组织实施。要优化营商环境，规范开发建设秩序，不得将配套产业作为项目开发建设的门槛。要督促地方落实项目建设条件，推动出台土地、财税和金融等支持政策，减轻新能源开发建设不合理负担，调动各类市场主体投资积极性。要加大与自然资源、林业草原、生态环境、住房建设等部门的协调，为风电、光伏发电项目开发建设创造有利条件。

电网企业要简化接网流程、方便接网手续办理，推广新能源云平台，实现全国全覆盖，服务新能源为主体的新型电力系统。要加强接网工程建设，确保纳入年度开发建设方案的保障性并网和市场化并网项目“能并尽并”，不得附加额外条件。要会同全国新能源消纳监测预警中心及时公布各省级区域并网消纳情况及预测分析，引导理性投资、有序建设。

发电企业对纳入年度开发建设方案的项目，要按照核准（备案）文件要求，及时组织开展项目建设。要加强工程质量管控，确保建设安全和生产安全。要及时在国家可再生能源发电项目信息管理平台填报并按月更新项目信息。

国家可再生能源信息管理中心要按月统计项目信息并报国家能源局，抄送各省级能源主管部门和相关派出机构。

国家能源局将加强可再生能源电力消纳责任权重落实情况监测评估，引导和促进风电、光伏发电开发建设。各派出机构要加强对辖区内风电、光伏发电规划落实、项目竞争性配置、电网送出工程建设、项目并网消纳等事项的监管，按要求组织开展清洁能源消纳情况综合监管，保障风电、光伏发电开发建设运行规范有序。

国家能源局

2021年5月11日

附录4

国家发展改革委关于2021年新能源上网电价政策有关事项的通知

（发改价格〔2021〕833号）

各省、自治区、直辖市发展改革委，国家电网有限公司、南方电网有限责任公司、内蒙古电力（集团）有限责任公司：

为贯彻落实党中央、国务院决策部署，充分发挥电价信号作用，合理引导投资、促进资源高效利用，推动光伏发电、风电等新能源产业高质量发展，经商国家能源局，现就2021年光伏发电、风电等新能源上网电价政策有关事项通知如下：

一、2021年起，对新备案集中式光伏电站、工商业分布式光伏项目和新核准陆上风电项目（以下简称“新建项目”），中央财政不再补贴，实行平价上网。

二、2021年新建项目上网电价，按当地燃煤发电基准价执行；新建项目可自愿通过参与市场化交易形成上网电价，以更好体现光伏发电、风电的绿色电力价值。

三、2021年起，新核准（备案）海上风电项目、光热发电项目上网电价由当地省级价格主管部门制定，具备条件的可通过竞争性配置方式形成，上网电价高于当地燃煤发电基准价的，基准价以内的部分由电网企业结算。

四、鼓励各地出台针对性扶持政策，支持光伏发电、陆上风电、海上风电、光热发电等新能源产业持续健康发展。

本通知自2021年8月1日起执行。

附录5

国家发展改革委
关于做好2021年风电、光伏发电开发
建设有关事项的通知

发布日期：2021-07-02

各市（含定州、辛集市）发展改革委（局）、张家口市能源局、雄安新区改革发展局，国网河北省电力有限公司、国网冀北电力有限公司：

为深入贯彻落实《国家发展改革委国家能源局关于2021年可再生能源电力消纳责任权重及有关事项的通知》（发改能源〔2021〕704号）精神，按照《国家能源局关于2021年风电、光伏发电开发建设有关事项的通知》（国能发新能〔2021〕25号）要求，现就做好我省风电、光伏发电开发建设的有关事项通知如下：

一、总体思路

深入贯彻习近平生态文明思想和能源安全新战

略的重要论述，落实国家碳达峰、碳中和目标要求，坚持目标导向，完善发展机制，优化发展环境，发挥地方主导作用，调动投资主体积极性，建立保障性并网和市场化并网等并网多元保障机制，推动风电、光伏发电高质量跃升发展，所发电量占全社会用电量比重逐年提高，确保完成国家规定的可再生能源电力消纳责任权重目标任务。

二、高质量推进保障性并网规模项目

保障性并网规模项目，指完成年度非水电最低消纳责任权重所必需的新增并网项目，由电网企业实行保障性并网。存量风电、光伏发电项目直接纳入保障性并网规模，并应在规定时限内建成投产，对进度迟缓的项目，各市应适时提请省发展改革委予以清理，及时释放土地资源、电网接入和消纳空间。增量项目由各市通过组织开展竞争性配置方式纳入。增量项目申报要求如下。

（一）申报原则

风电、光伏发电保障性并网项目（不含户用光伏发电、工商业分布式光伏发电项目）的组织申报工作，遵循依法合规原则，充分体现公开、公正、公平竞争。通过竞争性配置，优选有实力开发企业，建设高质量发电项目，促进可再生能源产业持续健康快速发展。

（二）申报条件

保障性并网项目申报应满足以下条件：

1.开发企业资金实力强，具有开发建设和运营经验，企业负债率低等；

2.落实项目用地条件，能够提供项目场址拐点坐标，落实用地面积与申报建设规模用地基本一致，且不涉及基本农田、林地及生态红线等问题；

3.项目具备电网接入和消纳条件；

4.优先支持电源点侧配置一定规模储能装置；

5.优先支持通过技术升级，促进成本降低或开展土地综合利用的示范项目；

6.风电项目仅限承德、张家口市申报，申报项目需满足1年以上测风时间要求。

已上报国家源网荷储和多能互补示范项目不列入本次申报范围。经审核复核列入失信联合惩戒对象名单、报送材料存在虚假现象、场址坐标存在重合、交叉等行为，取消申报资格。

（三）并网时间

风电项目应于2023年12月31日前全容量建成并网，光伏发电项目应于2022年12月31日前全容量建成并网。

（四）工作程序

1.省发展改革委会同省级电网公司，按照国家明确我省可再生能源电力消纳责任权重目标，测算全省风电、光伏发电新增保障性并网规模，并结合各市土地资源、电网接入和消纳条件以及建设需求等，明确各市增量风电、光伏发电项目保障性并网规模（见附录3）；

2.各市按照《河北省风电、光伏发电保障性规模竞争性配置导则》（见附录4）有关要求，通过竞争性配置组织优选项目；

3.各市对优选项目经过审核后，连同项目评审结果及相关申报材料报送省发展改革委；

4.省发展改革委委托第三方机构，对各市申报项目进行复核并征求省级电网公司电网接入和消纳意见；

5.按照复核结果和电网公司意见，对确定列入保障性并网规模的项目予以公示；

6.下达保障性并网规模项目建设计划。

三、积极有序推进市场化并网规模项目

市场化并网规模项目，指保障性并网范围以外仍有意愿并网的项目，可通过自建、合建共享或购买服务等市场化方式落实并网条件后，由电网企业予以并网。并网条件主要包括配套新增的抽水蓄能、储热型光热发电、火电调峰、新型储能、可调节负荷等灵活调节能力。

对于市场化并网项目，企业委托有资信单位编制市场化并网项目实施方案，由市发改部门审核后报送，我委将会同能源监管部门和省级电网公司，委托第三方机构进行评审，对评审符合相关要求的项目下达建设计划。项目并网时间参照保障性并网规模项目执行。

四、大力推进分布式光伏发电项目

2021年户用光伏发电项目国家财政补贴预算额度为5亿元，度电补贴额度按照价格主管部门发布的2021年相关政策执行，项目管理和申报程序按照《国家能源局关于2019年风电、光伏发电项目建设有关事项的通知》（国能发新能〔2019〕49号）有关要求执行。工商业分布式光伏发电项目由各市、县能源主管部门在落实建设条件、电网接入和消纳条件的基础上，自行组织实施。户用光伏发电、工商业分布式光伏发电项目由电网企业保障并网消纳。在确保安全前提下，鼓励有条件的分布式光伏发电项目配备储能。

对于户用光伏发电、工商业分布式光伏发电项目，企业可自由选择全额上网、自发自用余电上网、全部自用三种运营模式。《关于印发〈全省分布式光伏发电建设指导意见（试行）〉的通知》（冀发改能源〔2018〕817号）中关于分布式光伏运营模式的相关要求不再执行。

五、有关要求

（一）要高度重视。大力推进风电、光伏发电项目建设，是深入贯彻落实习近平总书记提出的“双碳”目标任务的重要举措，也是完成国家下达我省可再生能源电力消纳责任权重目标任务的重要手段，各级发改部门要切实站在讲政治的高度，充分认识当前形势下加快发展可再生能源的重要意义，高度重视此次项目优选工作，切实承担牵头责任。

（二）要周密组织。我委下达各市风电、光伏发电建设规模，将作为各市约束性指标，实施跟踪考核。各市要根据各自经济发展需要、资源禀赋和消纳能力等，科学确定建设规模，切实谋划组织一批开发企业实力强、建设条件落实、示范作用强的增量风电、光伏发电项目，并推动项目早开工、早并网。同时，要进一步加大督导协调力度，对存量风电、光伏项目进行一次集中调度，力促更多项目在规定时限内建成投产。

（三）要优化营商环境。进一步优化营商环境，规范开发建设秩序，不得将配套产业作为项目开发建设的门槛，不得以任何名义增加新能源企业的不合理投资成本。需要市县国土、生态等部门为申报项目提供支持性文件和相关手续，由牵头部门统一向有关部门发函办理，切实为风电、光伏发电项目开发建设创造有利条件。

请各市分别于7月26日、8月15日前将保障性并网规模项目、市场化并网规模项目请示文件，包括项目申报表（见附录5、6）、相关申报材料，连同电子版一并报送我委。

附录6

关于落实好2021年新能源上网电价政策有关事项的函

国家能源局综合司：

2021年6月7日，我委印发《关于2021年新能源上网电价政策有关事项的通知》（发改价格〔2021〕833号），明确了2021年新建新能源项目上网电价政策。为指导各地抓好落实，进一步明确对2021年纳入当年中央财政补贴规模的新建户用分布式光伏项目，其全发电量补贴标准按每千瓦时0.03元执行；对你局确定的首批光热发电示范项目，于2021年底前全容量并网的，上网电价继续按每千瓦时1.15元执行，之后并网的中央财政不再补贴。

特此函告。

国家发展改革委办公厅

2021年6月11日

附录7

国家能源局综合司关于报送整县（市、区）屋顶分布式光伏开发试点方案的通知

各省（自治区、直辖市）能源局，有关省（自治区、直辖市）及新疆生产建设兵团发展改革委，各派出机构，国家电网、南方电网、内蒙古电力公司：

我国建筑屋顶资源丰富、分布广泛，开发建设屋顶分布式光伏潜力巨大。开展整县（市、区）推进屋顶分布式光伏建设，有利于整合资源实现集约开发，有利于削减电力尖峰负荷，有利于节约优化配电网投资，有利于引导居民绿色能源消费，是实现“碳达峰、碳中和”与乡村振兴两大国家重大战略的重要措施。

为加快推进屋顶分布式光伏发展，拟在全国组织开展整县（市、区）推进屋顶分布式光伏开发试点工作。有关事项通知如下。

一、申报试点条件

申报开展整县（市、区）推进屋顶分布式光伏开发试点的县（市、区）应符合以下条件：

（一）具有比较丰富的屋顶资源，有利于规模化开发屋顶分布式光伏。

（二）有较高的开发利用积极性，具有整合各方面资源、以整县方式开发建设的条件。

（三）有较好的电力消纳能力，特别是日间电力负荷较大，有利于充分发挥分布式光伏在保障电力供应中的积极作用。

（四）开发市场主体基本落实，开发建设积极性高，有实力推进试点项目建设。

（五）党政机关建筑屋顶总面积可安装光伏发电比例不低于50%；学校、医院、村委会等公共建筑屋顶总面积可安装光伏发电比例不低于40%；工商业厂房屋顶总面积可安装光伏发电比例不低于30%；农村居民屋顶总面积可安装光伏发电比例不低于20%。

二、落实保障措施

（一）试点县（市、区）政府要积极协调落实屋顶资源，营造有利于整县（市、区）推进工作的良好政策和营商环境。

（二）试点县（市、区）电网企业要密切配合各地试点方案编制工作，加强对配电网的升级改造，切实保障试点地区分布式光伏的大规模接入需求，做到“应接尽接”。

（三）试点地区要进一步完善和优化分布式光伏接网、备案等相关管理办法，鼓励实行项目整体打包备案。

三、加大政策支持

（一）试点地区屋顶分布式光伏由电网企业保障并网消纳。

（二）鼓励地方创新政策措施，通过财政补贴、整合乡村振兴各类项目资金等方式给予支持。

（三）鼓励试点县（市、区）按照《国家发展改革委国家能源局关于开展分布式发电市场化交易试点的通知》(发改能源〔2017〕1901号)等有关政策要求，积极组织屋顶光伏开展分布式发电市场化交易。

四、报送要求

(一)试点县(市、区)政府牵头，会同电网企业和相关投资企业，开展试点方案编制工作；各省(自治区、直辖市)能源主管部门在各县(市、区)试点方案基础上汇总编制本省(自治区、直辖市)试点方案。

(二)试点方案应按照“宜建尽建”的原则，合理确定建设规模、运行模式、进度安排、接网消纳、运营维护、收益分配、政策支持和保障措施等相关内容。

(三)试点方案要积极服务乡村振兴战略，促进提高当地人民生活水平，注意保护和美化城镇景观、村容村貌。

(四)各省(自治区、直辖市)能源主管部门要高度重视、开拓思路，抓紧组织试点方案编制工作，并于7月15日前报送我局（新能源司）。我局将及时统计公布试点方案，并加大协调支持力度，保障试点方案顺利实施。

特此通知。

联系方式：81929522／81929501（传真）

国家能源局综合司

2021年6月20日

（依申请公开）

抄送：中核集团、中国华能、中国大唐、中国华电、国家电投、中国三峡集团、国家能源集团、华润集团、国投、中广核。